国家自然科学基金（项目批准号：31872645）资助出版

云南省外来入侵植物图鉴

王焕冲　马金双　**主　编**

李世刚　李宇然　**副主编**

上海交通大学出版社
SHANGHAI JIAO TONG UNIVERSITY PRESS

内容简介

本书收录云南省范围内较为常见、危害严重以及新近发现的代表性外来入侵植物270种，每种配以具有鉴别特征的彩图若干，全面展现了外来入侵植物的生境、植株整体及细部结构，以供物种鉴定之需；文字部分简要介绍了各个入侵植物的识别特征、原产地、传入途径、分布、生境、风险评估等信息。

本书是编者团队在近年来全面调查云南省外来入侵植物现状的工作基础上形成的最新成果，初步厘清了云南省外来入侵植物的种类和分布状况，书中收录了大量近些年在云南发现的新入侵和新归化植物。作为云南省外来入侵植物本底调查的基础资料，本书可供生态、农业、林草、环境、自然保护、园林绿化等相关领域的研究人员、专业技术工作者和管理部门参考使用。

图书在版编目（CIP）数据

云南省外来入侵植物图鉴 / 王焕冲，马金双主编
. —上海：上海交通大学出版社，2024.1
ISBN 978-7-313-28960-5

Ⅰ.①云… Ⅱ.①王… ②马… Ⅲ.①外来入侵植物
—云南—图集 Ⅳ.①Q948.527.4-64

中国国家版本馆CIP数据核字（2023）第115673号

云南省外来入侵植物图鉴
YUNNAN SHENG WAILAI RUQIN ZHIWU TUJIAN

主　　编：王焕冲　马金双			
出版发行：上海交通大学出版社	地　　址：上海市番禺路951号		
邮政编码：200030	电　　话：021-64071208		
印　　制：苏州市越洋印刷有限公司	经　　销：全国新华书店		
开　　本：710 mm×1000 mm　1/16	印　　张：37.25		
字　　数：527千字			
版　　次：2024年1月第1版	印　　次：2024年1月第1次印刷		
书　　号：ISBN 978-7-313-28960-5			
定　　价：228.00元			

前　言

生物入侵对全球环境和社会发展造成了严重影响，已成为当今世界各国在生物多样性管理和生态保护中面临的全球性问题。20 世纪后期，随着我国国际贸易的迅速发展，外来植物入侵的风险和危害随之加剧，加之我国幅员辽阔，地形地貌复杂、气候类型多样、生态环境复杂，为众多外来生物的入侵提供了适宜的生境。如今，我国已成为受外来入侵生物危害最为严重的国家之一。

云南地处中国西南部，具有独特的地理位置、复杂的地形地貌和多样的生态环境，位于三个世界生物多样性热点（喜马拉雅地区、中国西南山地、印-缅地区）的交汇带。一方面，这些因素为有着不同生态需求的动植物提供了广袤的生存空间，使得云南的生物多样性极为丰富，享有"植物王国""动物王国"的美誉；另一方面，云南边境线长达 4 060 km，分别与缅甸、老挝、越南接壤，对外交流和进出口贸易出现得早且频繁，加上人类活动对云南的自然生态系统（尤其植被）造成干扰，使得云南成为中国易受外来生物入侵的脆弱区，更是中国遭受陆源性外来生物入侵最为严重的地区之一。

本书基于编者团队十余年来对云南省外来入侵植物的调查成果编写而成，全书精选了 270 种云南省范围内常见入侵植物（限维管植物），包括石松类和蕨类植物 2 科 2 属 2 种，被子植物 57 科 176 属 268 种。书中石松类和蕨类植物按 PPG Ⅰ 系统（2016）排序，被子植物则依据 APG Ⅳ 系统（2016），科下分类群按学名的首字母顺序排序。

每个物种配有数幅具有鉴别特征的彩图，文字部分则简要介绍了别名、识别特征、原产地、传入途径、分布、生境、物候以及风险评估等关键信息。

本书收录的云南省内常见的入侵植物，其中大部分是从国外入侵中国的种类，也有少部分种类在国内其他生态地理区域亦有自然分布，但在云南为外来植物，且已经造成严重危害，如翼蓟、野莴苣等。此外，一些近年新发现的外来入侵植物，如墙生藜、巴尔干大戟等，本书也予以收录，其中部分种类为国内首次报道。

作为一本反映外来入侵植物基础信息的图鉴类参考书，本书可帮助农业、林草、生态保护、环境、园林绿化等相关部门和广大群众认知云南的外来入侵植物，以期在预警和防治植物入侵方面做到群策群力和群防群治，实现人与自然的和谐共生，为社会主义生态文明建设贡献力量。

《云南省外来入侵植物图鉴》的研编是作者团队集体协作和共同努力的成果。全书由王焕冲与马金双共同主持编写工作，物种鉴定和收录甄别由王焕冲把关和负责，马金双负责审定内容，李世刚主要负责文字编撰、图版制作等工作，李宇然负责部分文字的编撰工作。除特别标注外，本书所用图片由王焕冲、李世刚、杨凤、刘绍云、李宇然拍摄。云南大学生态与环境学院王焕冲课题组的研究生杨凤、王秋萍、任正涛、李萍萍、黄强椿、刘金丽、叶婧怡、刘绍云、党增艳、王婷婷、李茜、姚兰、杨艳、朱绍隆等同学参加了野外调查工作，在标本制作和数据处理等方面做了大量具体工作。没有他们的长期支持，这项工作是无法顺利完成的，在此深表感谢！特别感谢上海交通大学出版社为本书顺利出版所给予的大力支持和帮助。本书的出版得到了国家自然科学基金项目"中国归化植物研究"（项目批准号 31872645）的经费资助，野外调查工作得到了国家自然科学基金（项目编号 31960040）及第二次青藏高原综合科学考察研究（项目编号 2019QZKK0502）、第四次全国中药资源普查（祥云县、峨山县、易门县、绥江县）（财社〔2017〕66 号）等项目的部分资助，在此表示感谢！

限于编者水平以及野外调查和资料收集颇有难度，书中难免有遗漏和不足之处，恳请有关专家和读者朋友批评指正，以便我们进一步完善。

编者

2023 年 2 月

编写说明

1. 物种收录标准

本书为云南省外来入侵植物的识别图鉴，收录云南省境内发现的常见外来入侵植物（限维管植物）。从地理来源上看，大多数种类原产中国以外的国家和地区，少数种类在中国的其他地理区域有自然分布，但在云南为入侵植物。对已经在云南有广泛栽培的外来经济植物，虽然其在野外偶有逸野归化，但考虑到危害并不大，本书不予收录。编写团队尽可能多地收录了近年来新发现的入侵植物，虽然一些新入侵植物的分布情况尚不清楚，但从防治的角度而言，这些物种值得特别关注。

2. 数据和资料来源

书中采用的物种照片为编者团队在云南境内拍摄所得。本书数据主要参考了《中国植物志》《中国外来入侵植物志》《云南植物志》和 *The Checklist of the Naturalized Plants in China*（《中国归化植物名录》）等专著，以及近几年新发表的文献资料，同时参考了一些专业数据库，如国际植物名称索引（International Plant Names Index, IPNI）（https://www.ipni.org/）、世界植物在线（Plants of the World Online, POWO）（https://powo.science.kew.org/）、中国植物图像库（http://ppbc.iplant.cn/）等。

3. 植物名称以及分类处理

物种科属的界定参照最新分类系统，石松类和蕨类植物依据 PPG I 系统（2016），被子植物根据 APG IV 系统（2016），并参考了被子植物系统发育网站（Angiosperm Phylogeny Website）（http://www.mobot.org/MOBOT/research/

APweb/）的最新处理办法。物种学名主要依据《中国植物志》及其英文版
Flora of China 确定，同时根据最新研究进展也对一些类群的学名进行了更
新。学名的命名人缩写与国际植物名称索引（IPNI）上的一致。中文名主要
参考《中国植物志》《中国外来入侵植物志》和《云南植物志》上的写法，其
中部分物种遵循了其在云南地区常用的名称，如物种 *Ageratina adenophora*
(Sprengel) R. M. King & H. Robinson 被称为紫茎泽兰，而非破坏草。在别名
（常用俗名）里，本书尽量列出了物种的其他常用中文名称（个别种类无）。

4. 地理分布信息

本书中物种的（地理）分布信息由三部分组成，依次为云南省省内分布
范围、中国国内分布范围和全球分布范围，用"，"隔开。考虑到本书主要
作为图鉴使用，文字从简，因此本书的物种地理分布采取了简写的办法，表
现方式如下：省内分布较广的物种的地理分布精确到大的区域，如云南南
部、西南部等，再次一级则精确到州、市，省内分布区域较小的物种则尽可
能精确到县级行政单位；国内分布范围的写法与上述相同，精确到大的地理
区域或省区市；全球分布范围的写法以大洲或国家为主。例如，刺轴含羞草
（*Mimosa pigra* L.）的分布信息如下：中国云南的西双版纳、德宏、普洱、玉
溪等州市，中国西南、华南、华东地区，亚洲、非洲、美洲、大洋洲。本书
中用到的中国及云南的地理区域范围说明如下。

4.1　中国的地理区域范围

华北：北京、天津、河北、山西、内蒙古。

东北：黑龙江、辽宁、吉林。

华东：上海、江苏、浙江、安徽、江西、山东、福建、台湾。

华中：河南、湖北、湖南。

华南：广东、广西、海南、香港、澳门。

西南：云南、贵州、四川、重庆、西藏。

西北：陕西、甘肃、青海、宁夏、新疆。

4.2　云南的地理区域范围

滇中：昆明、曲靖、玉溪、楚雄。

滇西北：丽江、迪庆、怒江。

滇西：大理、保山、德宏。

滇西南：临沧、普洱、西双版纳。

滇东北：昭通。

滇东南：红河、文山。

5. 风险评估分级原则

本书中的风险评估分级主要参考了《中国外来入侵植物名录》（马金双、李惠茹主编，2018 年版）的评估方法，从入侵植物的生物学特性、入侵的广度、入侵植物在入侵地的危害程度、造成的经济损失这四个角度来进行评估。各等级主要标准如下。

Ⅰ级：**恶性入侵种**，指在云南甚至国家层面已造成严重的生态危害和经济损失，在云南乃至中国广泛分布的入侵物种。

Ⅱ级：**严重入侵种**，指在云南甚至国家层面已造成较大的生态危害和经济损失，在云南乃至中国分布较广的入侵物种。

Ⅲ级：**局部入侵种**，指在云南造成了局部的生态危害和经济损失，入侵范围较为狭窄的入侵物种。

Ⅳ级：**一般入侵种**，指地理分布区域无论是广泛还是狭窄，其生物学特性决定了其危害不明显且难以形成新的危害趋势的物种。

Ⅴ级：**有待观察种**，指目前已发现归化，因了解不详细而暂时无法确定未来发展趋势的物种。

目 录

云南省自然环境概况

云南省简称"滇"或"云",地处中国西南边陲,北回归线横贯该省南部,全省国土总面积为 39.41 万 km^2,占全国国土总面积的 4.1%,居全国第 8 位(按面积大小排名);东部与贵州省、广西壮族自治区为邻,北部与四川省隔江(金沙江)相望,西北部紧依西藏自治区,西部与缅甸接壤,南部和东南部分别与老挝、越南毗邻。云南陆地边境线有 4 060 km,有 8 个州(市)的 25 个边境县分别与缅甸、老挝和越南交界,是全国陆地边境线较长的省份之一。

1. 地质和地貌

云南全省地貌的形成,从地质上来说主要受大地构造特征、岩石性质、新构造运动的影响。在中国大地构造的划分体系内,与云南相关的有扬子准地台(扬子地台)、三江褶皱系、华南褶皱系和松潘甘孜褶皱系。滇中和滇东北占据扬子准地台的西南角;滇西则属于三江褶皱系的范围,在云南也称滇西褶皱带;滇东南属于华南褶皱系的最西部分;三江褶皱系以东、扬子准地台以北则属于松潘甘孜褶皱系,这一部分在省内范围较小。从板块构造学说的观点来看,云南的大地构造包括扬子古板块的西南端和滇青藏洋板块的一部分。不论属于准地台还是褶皱系,云南的几处深断裂、大断裂都非常突出,深刻影响着地貌的发育,控制着云南的地貌格局。著名的澜沧江深断裂、哀牢山深断裂、小江深断裂等规模巨大,长达上千千米的断裂带、大断裂更是多达 10 余条,如怒江大断裂、元谋-绿汁江大断裂等。这些深断裂带、大断裂带对云南的山脉、河流的走向和盆地、湖泊的排列有着明显的制约作用,形成了如普渡河、牛栏江等南北向的平行水系和滇东南的西北-东南朝向的水系格局以及与断裂带构造的走向大体一致的诸多盆地（昆明盆地、丘北盆地、曲靖盆地等）和大小不一的高原湖泊（滇池、洱海、抚仙湖、阳宗海等）。岩石性质对云南地貌发育亦有着深刻的影响。省内岩石的分布是由区域地质活动所决定的，沉积建造、深大断裂的分布、岩浆活动和变质作用等的空间差异使得云南各地岩层分布情况复杂多样。如滇西澜沧江深大断裂和怒江深大断裂等的西侧有大规模的岩浆岩分布；滇中和滇东北则因为小江断裂带的影响玄武岩分布较多；滇东则是碳酸盐岩分布较广，由此类岩石发育形成大片岩溶地貌；滇西和滇西南的碳酸盐类岩层分布范围局限，岩溶地貌主要呈小片分布。在上新世末到更新世初的晚喜马拉雅运动时期，大面积的上升运动将古夷平面抬升为高原面，奠定了现在云南高原的地形地势基础。古夷平面的构造抬升受内、外营力的影响形成了丘陵状高原面和分割高原面。在这个过程中，抬升的不等量性、间歇性以及高原面的解体改变了古夷平面大致均一的原始面貌，形成了如今云南复杂的地貌。

云南的地貌类型繁多，结构复杂。主要有以下特点：① 西北高、东南低，呈阶梯式下降。云南省海拔最高点为西北部的梅里雪山卡瓦格博峰，峰顶海拔为 6 740 m，最低点是东南部红河与南溪河的交汇处，海拔为 76.4 m，海拔高差达 6 663.6 m。地势整体上自西向东呈阶梯式下降，可分为三个梯层。第一梯层平均海拔在 4 000 m 以上，范围大致在西北部的德钦、香格里拉一带；第二梯层平均海拔为 2 000 m 左右，属于云南中部高原的主体；第三梯层与桂西山原、东南亚的掸邦高原、老挝高原、清迈高原等相连，并与云南高原东面的黔中高原一起组成一个更低的地势梯层。② 垂直方向层状地貌发达。如前文所述，古夷平面的构造抬升形成了丘陵状高原面和分割高原面。丘陵状高原的地貌是由高原面以上的高耸山地、高原面、剥蚀面、浅切型河谷、高盆地组成，分割高原的地貌则是由高原面以上的高耸山地、高原面、剥蚀面、深切型河谷、低盆地组成。

云南各地地貌特征因其地势起伏、层状地貌以及各种地貌类型的不同组合，有着明显的地域差异。元江河谷向北以礼社江—巍山—大理—剑川—丽江—宁蒗一线为界，可划分出云南的两大地貌区域，同时这一分界线与滇西褶皱带与扬子准台地和滇东南褶皱带的分界线基本吻合。这一线以西为横断山峡谷中高山区，近南北向的褶皱带和断裂带排列紧密，形成高山深谷地形，有高黎贡山、碧罗雪山、云岭、怒江、澜沧江、金沙江等相互并列，其中大山脉的主体海拔高度一般都在 4 000 m 以上。这一线以东则是扬子准地台的西南部所在，有中部的滇中红色高原和滇东北的滇东高原。滇中红色高原分布有宽广的古夷平面，盆地与湖泊星罗棋布；东部的滇东高原以乌蒙山和五莲峰为主体构成西南高、东北低的倾斜地形，相比滇西分割高原面不显著，多为丘陵状高原。中部和东部山间小盆地广布。

2. 气候、水文和土壤

　　云南幅员辽阔、地势起伏大、地貌结构复杂，使得省内不同地区气候差异很大、复杂多样。这种复杂多样主要受地理位置、大气环流以及高原地势这三个因素的复合影响。云南省西部和南部毗邻南亚次大陆和中南半岛，受热带季风气候影响；东侧和北侧受东亚季风气候的影响；西北部则因横亘着巨大高耸的喜马拉雅山脉和青藏高原，在大气环流和季风气候受到影响的情况下，形成了独特的高原气候。总的来说，云南的气候属于低纬高原季风气候，因地形复杂、海拔高差大，形成了其独特的、类型多样的气候类型。全省可划分为 7 个气候带，即北热带、南亚热带、中亚热带、北亚热带、暖温带、温带、寒温带（高寒气候区）。全省气候特点主要表现：① 热带、亚热带高原季风气候显著，干、湿季分明，干季、湿季天气状况差异较大，同时气温年较差小，日较差大，春秋相连，四季不分明。② 降水充沛，但时空分布不均，云南多年平均降水量在 1 100 mm 左右，属湿润地区，但因境内各地距海远近不同和地形对气流的阻挡，降水分布不均匀，中部和北部少，向东、南、西三面逐渐增加。③ 气候类型多样，水平分布和垂直分布复杂，立体气候显著，"十里不同天""一山分四季"。

云南水资源丰富，类型多样，包括河流、湖泊、地下水、冰川等。云南河流众多，分属长江水系、珠江水系、元江水系、澜沧江水系、怒江水系和伊洛瓦底江水系六大水系。据 2021 年《云南省水资源公报》，全省境内的入境水量为 1 112 亿 m^3，出境水量为 2 610 亿 m^3。根据 2010 年《云南河湖》编纂委员会编著的《云南河湖》的调查数据，云南省流域面积在 10 000 km^2 以上的河流有 10 条，分别为金沙江、普渡河、横江、牛栏江、南盘江、元江、李仙江、澜沧江、黑惠江与怒江；集水面积在 100 km^2 以上的河流有 908 条，其中有 47 条省际河流和 37 条国际河流。全省境内集水面积大于 100 km^2 以上的一级支流分布广泛，共计有 254 条。高原湖泊群的存在是云南水文地理中引人瞩目的特点之一。云南省面积 1 km^2 以上的天然湖泊共有 40 余个（2010 年数据），主要分布于滇东高原，以金沙江与元江、南盘江水系的分水岭高原部分湖泊最为发达。云南的湖泊在空间上有成群性分布的特点，大体可以分为四个湖群：滇中湖群（滇池、阳宗海、抚仙湖等）、滇西湖群（泸沽湖、剑湖、洱海等）、滇南湖群（大屯海、三角海、听海等）、滇东湖群（者海、鹰窝海、无浪海等）。云南地下水资源丰富，全省平均地下径流模数为 16.2 万 m^3/km^2，地下径流总量达 619.8 亿 m^3，占全省河川径流总量的 34.4%（此为 2020 年数据，2021 年地下水资源量为 562.9 亿 m^3）。此外，2004 年由云南省水文水资源局等单位组织的调查结果显示，云南地区冰川资源丰富，现代冰川主要分布在滇西北海拔 3 200 m 以上的高山上，共 57 条冰川，冰川总面积为 84.88 km^2，约占全省总面积的 0.022%，冰川总储量达 64.4 亿 m^3。

云南自然成土条件复杂，土壤类型多样。根据研究，云南的土壤可分为 7 个纲、14 个亚纲、19 个土类、34 个亚类。云南土壤类型主要有砖红壤、赤红壤、红壤、黄壤、黄棕壤、棕壤、暗棕壤、棕色针叶林土、燥红土、紫色土、新积土、石灰土、火山灰土、沼泽土、泥炭土、亚高山草甸土、高山寒漠土和水稻土等 18 个，其中以红壤、赤红壤、黄棕壤、棕壤为最多，故有"红土高原""红土地"之称。

3. 植被

云南因其地质历史、地貌构造、气候、土壤的复杂性，植物种类丰富多样，植被类型复杂多变。根据《云南省生态系统名录（2018 版）》记载，云南有雨林、季雨林、常绿阔叶林、暖性针叶林、灌丛、稀树灌木草丛、草甸、高山荒漠、湿地等生态系统，共计 14 个植被型，38 个植被亚型，474 个群系。云南的植被总体具有水平地带性植被多样、垂直地带性植被呈带谱层叠、非地带性植被别具特色、山地原生性森林植被分布广泛、地带性植被与非地带性植被交错分布等特点。

4. 植物区系

云南特殊的地理位置和复杂的地理环境孕育了丰富的生物资源，素有"动植物王国"的美誉，生物多样性居全国之首。云南的植物区系具有以下特点。

4.1　植物物种丰富

据《云南省生物物种名录（2016 版）》统计，云南全省高等植物有 19 333 种，隶属于 440 科 3 084 属，占全国高等植物总量的一半以上。其中，苔藓植物有 126 科 499 属 1 906 种，石松类和蕨类植物有 64 科 232 属约 2 500 种，裸子植物有 9 科 25 属 113 种，被子植物有 244 科 2 367 属 15 951 种。

4.2　起源古老，多古植物后裔

云南地质历史悠久，从中生代的三叠纪时就出现了大量的蕨类和裸子植物；中新世以来，全省均处于热带、亚热带的湿润气候条件，被子植物和古老的热带植被特别发达；第三纪末第四纪初，喜马拉雅运动使得云南植被和区系发生了变化，而后冰期和间冰期的客观条件对该省植物的变迁没有造成毁灭性的影响，使得古老、原始的植物大多得以保留下来，如松叶蕨属（*Psilotum*）、原始观音座莲属（*Archangiopteris*）、观音座莲属（*Angiopteris*）、苏铁科（Cycadaceae）、罗汉松科（Podocarpaceae）、木兰科（Magnoliaceae）、八角科（Illiciaceae）、樟科（Lauraceae）、五味子科（Schisandraceae）等的植物。

4.3　特有类群繁多

云南植物多样性的另一个鲜明特征是具有繁多的特有物种。据《云南植被》记载，中国现有的 204 个种子植物特有属中，云南有 108 个中国特有属，约占全国特有属总数的 52.9%，其中约 34 属为云南及横断山脉地区特有，约占云南分布的中国特有属数的 18.9%。此外，云南种子植物特有属几乎全部集中分布于滇西北和滇东南两大生物多样性特有中心，滇西北和滇东南集中了云南特有属的 94.1%，并且两地分布着约占云南种子植物特有种总数 70%以上的滇西北、滇东南特有种，故滇西北和滇东南既是云南生物多样性最丰富的两个中心，也是特有属、特有种集中分布的中心。

4.4　地理成分复杂、联系面广

云南种子植物区系地理成分的多样性十分突出。中国种子植物属所具有的 15 个分布区类型在云南均有，从热带、温带到世界广布等各种分布型都有不同程度的分布。从区系分区上看，云南横跨古热带植物区和东亚植物区。在亚区一级上，云南植物区系大部分属于中国-喜马拉雅森林植物亚区和马来西亚植物亚区，滇东北一带则属于中国-日本森林植物亚区。因此，在植物区系分区上云南也常被分为 5 个区系小区：滇南、滇西南小区，滇东南小区，滇中高原小区，滇西、滇西北横断山脉小区和滇东北小区。

一

石松类和
蕨类植物

1. 细叶满江红 *Azolla filiculoides* Lam.

槐叶蘋科 Salviniaceae　　满江红属 *Azolla*

　　【别名】 蕨状满江红、细绿苹。

　　【识别特征】 多年生水生漂浮植物。羽状分枝，侧枝腋外生出，侧枝数目比茎叶数目少。叶常绿色，秋后会变红。大孢子叶球呈橄榄形，囊外壁有3个浮膘，1个大孢子；小孢子叶球比大孢子叶球大，呈桃形，小孢子囊内的泡胶块上有锚状毛。

　　【原产地】 南、北美洲。

　　【传入途径】 有意引入。

　　【分布】 中国云南大多数地区，中国各地水域广布，全世界除南极洲外其余各大洲均有发现。

　　【生境】 水田、池塘及流速缓慢的河流等水体表面。

　　【物候】 大孢子于春夏两季产生，能越冬。

　　【风险评估】 Ⅱ级，严重入侵种；生长迅速，在水体表面形成草垫，阻止氧气扩散，影响水质，妨碍水下植物光合作用，降低水体生物多样性。

细叶满江红

Azolla filiculoides Lam.

1. 常生于水田、池塘及流速缓慢的河流等水体表面；2. 植株密集生长；3. 羽状分枝，侧枝腋外生出，侧枝数目比茎叶数目少，叶常绿色，秋后会变红

2. 粉叶蕨 *Pityrogramma calomelanos* (L.) Link

凤尾蕨科 Pteridaceae　　　粉叶蕨属 *Pityrogramma*

【别名】 不详。

【识别特征】 陆生，中型蕨类植物。根状茎短而直立或斜升，被红棕色鳞片。叶柄亮紫黑色，有纵沟，叶片二回羽状，叶厚纸质，背面密被白色蜡质粉末，正面淡灰绿色，无毛。孢子囊群沿主脉两侧的小脉着生，棕色，无囊群盖，熟时几乎布满小羽片的背面。

【原产地】 美洲热带地区。

【传入途径】 有意引入。

【分布】 中国云南的临沧、红河、文山等州市，中国西南、华南、华东地区，亚洲、大洋洲、非洲、美洲。

【生境】 林缘或路边石壁上。

【物候】 孢子全年皆有。

【风险评估】 V级，有待观察种；孢子发达，成熟时布满整个叶片背面，易于扩散，危害情况有待继续观察。

粉叶蕨

Pityrogramma calomelanos (L.) Link

1. 常生于林缘或路边石壁，叶柄亮紫黑色；2. 叶片二回羽状，正面淡灰绿色、无毛，叶顶端长渐尖；3.叶背面密被白色蜡质粉末

二

被子植物

3. 草胡椒 *Peperomia pellucida* (L.) Kunth

胡椒科 Piperaceae   草胡椒属 *Peperomia*

【别名】 透明草、软骨草。

【识别特征】 一年生肉质草本；茎直立或基部有时平卧，分枝，无毛，下部节上常生不定根。叶互生，膜质，半透明，阔卵形或卵状三角形，长和宽近似相等，两面均无毛。穗状花序顶生和与叶对生，细弱；花疏生；苞片近圆形。浆果球形，顶端尖。

【原产地】 美洲热带地区。

【传入途径】 无意中引入。

【分布】 中国云南南部、西南部的热带和亚热带地区，中国华北、华东、华中、华南、西南地区，全球热带及亚热带地区。

【生境】 林下湿地、石缝、宅舍墙脚或园圃。

【物候】 花果期几乎全年。

【风险评估】 Ⅲ级，局部入侵种；生命力强，繁殖快，因此易蔓延成片，形成单优势群落，对入侵地的生态系统造成影响。

草胡椒

Peperomia pellucida (L.) Kunth

1. 生于阴湿处、石缝等；2. 一年生肉质草本，茎直立或基部有时平卧，分枝，穗状花序顶生或与叶对生，细弱；3. 叶片膜质，半透明，阔卵形或卵状三角形，两面均无毛；4. 花序穗状，轴无毛，花疏生

4. 大藻 *Pistia stratiotes* L.

天南星科 Araceae　　　大藻属 *Pistia*

【别名】　水白菜、水莲花、天浮萍、水浮莲、大萍叶、水荷莲。

【识别特征】　水生漂浮草本。须根羽状，多而密集。叶簇生成莲座状，叶片先端截头状或浑圆，基部厚，两面被毛，基部尤为浓密；叶脉扇状伸展，背面明显隆起成褶皱状。佛焰苞白色，长约 0.5～1.2 cm，外被茸毛。

【原产地】　巴西。

【传入途径】　有意引入。

【分布】　中国云南的热带、亚热带地区，中国华东、华中、华南、西南地区，全球热带及亚热带地区。

【生境】　水田、池塘、湖泊、水库、静水河湾。

【物候】　花期 4—11 月。

【风险评估】　Ⅰ级，恶性入侵种；漂浮于水面上，阻塞河道、水渠，影响泄洪、航运和农业生产。

大薸

Pistia stratiotes L.

1～3. 生境，常生长于水田、池塘、河道等；4. 水生漂浮草本、叶簇生成莲座状；5. 须根羽状，多而密集；6. 叶片先端截头状，叶脉扇状伸展，背面明显隆起成折皱状；7. 佛焰苞较小，白色，外被茸毛

5. 合果芋 *Syngonium podophyllum* Schott

天南星科 Araceae   合果芋属 *Syngonium*

【别名】 长柄合果芋、白果芋、箭叶芋、白蝴蝶、箭叶。

【识别特征】 多年生常绿草质藤本，节部常生有气生根。叶具长柄，叶片呈三角状盾形，叶脉及其周围呈黄白色。幼叶片呈宽戟状，成熟的叶片呈鸟足状，5~9 裂，叶表绿色，常有白色斑纹。佛焰苞浅绿或黄色。花小，绿色或绿白色，生于肉穗花序上。果期佛焰苞红色，果实棕黑色。

【原产地】 美洲热带地区。

【传入途径】 有意引入。

【分布】 中国云南的昆明、保山、德宏、西双版纳等州市，中国西南、华南地区，亚洲、美洲、大洋洲、欧洲。

【生境】 绿化带、公园、路边、庭院。

【物候】 花果期夏秋季。

【风险评估】 Ⅳ级，一般入侵种；云南热带地区常见逸为半野生至野生，未见造成明显危害。

合果芋

Syngonium podophyllum Schott

1. 常生于路边、庭院等，攀附生长，节部常生有气生根；2. 叶片两型，幼叶为单叶，剑形
或戟形，常有白色斑纹；3. 果期佛焰苞红色

6. 雄黄兰 *Crocosmia* × *crocosmiiflora* (Lemoine) N. E. Br.

鸢尾科 Iridaceae   雄黄兰属 *Crocosmia*

【别名】 观音兰、黄大蒜、标竿花、火星花。

【识别特征】 多年生草本。球茎扁圆球形，有棕褐色网状的膜质包被。叶多基生，剑形，茎生叶较短而狭，披针形。花序圆锥状，由3～4个聚伞花序组成，雄蕊3，花丝着生在花被管上，花柱顶端3裂，柱头略膨大。蒴果三棱状球形。

【原产地】 非洲南部。

【传入途径】 有意引入。

【分布】 中国云南大部分地区有栽培（有逸野），中国西南、华南、华东地区，美洲、亚洲、欧洲、非洲。

【生境】 山坡阴湿处、公园、草地、花坛。

【物候】 花期7—8月，果期8—10月。

【风险评估】 Ⅳ级，一般入侵种；多见于各类水域周边，逸为半野生至野生，未见造成明显危害。

雄黄兰

Crocosmia × *crocosmiiflora* (Lemoine) N. E. Br.

1. 生境，常生于公园、池塘边等；2. 花序圆锥状，由 3～4 个聚伞花序组成，花深橙红色；
3. 花冠漏斗状，花被管略弯曲，花被裂片 6，2 轮排列，雄蕊 3，花丝着生在花被管上，花
柱顶端 3 裂，柱头略膨大

7. 巴西鸢尾

Trimezia gracilis (Herb.) Christenh. & Byng

鸢尾科 Iridaceae　　豹纹鸢尾属 *Trimezia*

【别名】 美丽鸢尾。

【识别特征】 宿根性草本。茎单一，叶黄绿色，叶从根茎基部抽出，互相套叠，排列成扇面状，叶片宽剑形，边缘膜质。花茎单一，有纵棱和浅沟；每一花茎开 3～5 朵花形成聚伞花序，花瓣 6，有 3 瓣呈外翻的白色花瓣苞片状，基部有褐色斑块，另 3 瓣直立内卷，为蓝紫色并具有白色条纹。蒴果长椭圆状卵球形，有 6 棱，成熟时三瓣裂。种子黑褐色。

【原产地】 墨西哥至巴西一带。

【传入途径】 有意引入，作为观赏植物引入栽培。

【分布】 中国云南的西双版纳，中国云南、广东、香港，中国、墨西哥、巴西。

【生境】 常见于路边、湿地、公园等。

【物候】 花期果期 1—4 月。

【风险评估】 V 级，有待观察种；多为栽培，偶见逸野，发生量通常不大，对环境影响较小，易于防控。

巴西鸢尾

Trimezia gracilis (Herb.) Christenh. & Byng

1、2. 叶从根茎基部抽出，呈扇形排列，叶片 2 列，深绿色；3. 花从花茎顶端苞片开出，花瓣 6 枚，外部 3 枚为外翻的白色苞片，内部 3 枚常为蓝紫色，直立内卷

8. 水鬼蕉 *Hymenocallis littoralis* (Jacq.) Salisb.

石蒜科 Amaryllidaceae　　　水鬼蕉属 *Hymenocallis*

【别名】 蜘蛛兰。

【识别特征】 多年生草本。叶基生，剑形，顶端急尖，深绿色，无柄。花茎扁平，苞片佛焰苞状；花茎顶端生花 3～8 朵，呈伞状，白色；花被基部联合，上部裂片线形，6 裂，雄花着生于上部裂片基部，花丝长 3～5 cm，花药丁字形着生；花柱约与雄蕊等长或更长。蒴果，常三棱凸起，柱头宿存。

【原产地】 美洲热带地区。

【传入途径】 有意引入，作为观赏植物引入。

【分布】 中国云南大部分州市有栽培和逸野，中国西南、华南、华东地区，亚洲、美洲、非洲、澳大利亚。

【生境】 常见于路边、荒地、水沟边等。

【物候】 花果期 5—8 月。

【风险评估】 Ⅲ级，局部入侵种；在云南南部州市常见逸野，形成小片单一优势群落，目前未见大面积扩散。

水鬼蕉

Hymenocallis littoralis (Jacq.) Salisb.

1、2. 生境，常生于路边、房前屋后等；多年生草本，叶基生，剑形，顶端急尖，深绿色；3. 花白色，花被基部联合，上部裂片线形，6裂，雄花着生于上部裂片基部，花丝长3～5 cm，花药丁字形着生；4. 蒴果数个密集生长，柱头宿存

9. 假韭 *Nothoscordum gracile* (Aiton) Stearn

石蒜科 Amaryllidaceae　　假葱属 *Nothoscordum*

【别名】 假韭菜。

【识别特征】 常绿多年生植物。鳞茎卵球形，棕色。叶片线形，全缘。伞形花序，小花 10～20 朵，花白色，具有芳香气味；花被片基部绿色，倒披针形；雄蕊 6 枚，花药黄褐色，雌蕊柱头不开裂。花柱宿存，蒴果倒卵球形，种子多数，黑色。

【原产地】 拉丁美洲。

【传入途径】 有意引入。

【分布】 中国云南中部，中国华东、西南地区，东亚、东南亚、欧洲南部、美洲、非洲、大洋洲。

【生境】 路边、绿化带。

【物候】 花期 5—7 月。

【风险评估】 Ⅴ级，有待观察种；近年来新发现的归化植物，危害程度有待进一步观察评估。

假韭

Nothoscordum gracile (Aiton) Stearn

1. 生境，常生于路边、荒地等；2. 叶片线形，全缘；3. 伞形花序，小花 10～20 朵，花白色，花被片基部绿色，倒披针形

10. 葱莲 *Zephyranthes candida* (Lindl.) Herb.

石蒜科 Amaryllidaceae　　　葱莲属 *Zephyranthes*

【别名】　葱兰、韭菜莲、肝风草、草兰。

【识别特征】　多年生草本。鳞茎卵形。叶狭线形，肥厚，亮绿色，长 20～30 cm，宽 2～4 mm。花单生于花茎顶端，下有带褐红色的佛焰苞状总苞；雄蕊 6，花柱细长，柱头不明显 3 裂。蒴果近球形，3 瓣开裂。种子黑色，扁平。

【原产地】　南美洲中部地区。

【传入途径】　有意引入。

【分布】　中国云南的昆明、大理、保山、西双版纳、红河、文山等州市，中国西南、华南、华中、华东地区，美洲、非洲、亚洲、大洋洲。

【生境】　花坛、绿地、庭院、小径旁。

【物候】　花期秋季。

【风险评估】　Ⅳ级，一般入侵种；多栽培，多有逸生，通常对周边环境危害较小。

葱莲

Zephyranthes candida (Lindl.) Herb.

1. 生境，常生于花坛、绿地、路边等；2. 丛生，叶狭线形，肥厚，单花顶生；3. 花白色，花被片 6，具褐红色的佛焰苞状总苞，雄蕊 6，花柱细长，柱头 3 凹缺

11. 韭莲　*Zephyranthes carinata* Herbert

石蒜科 Amaryllidaceae　　葱莲属 *Zephyranthes*

【别名】　葱兰、玉帘、韭菜兰、白花菖蒲莲、韭菜莲、肝风草、草兰。

【识别特征】　多年生草本，鳞茎卵球形。基生叶常数枚簇生，线形，扁平。花单生于花茎顶端，下有佛焰苞状总苞，总苞片常带淡紫红色，下部合生成管；花玫瑰红色或粉红色。花药丁字形着生，子房下位，蒴果近球形，种子黑色。

【原产地】　墨西哥南部至危地马拉。

【传入途径】　有意引入。

【分布】　中国云南大部分中低海拔地区有栽培或逸野，中国华北、华中、华东、华南、西南地区，亚洲、美洲、大洋洲。

【生境】　公园、庭院、房前屋后、阳台、花坛、路边、旱地、山坡灌草丛等。

【物候】　花期夏秋季。

【风险评估】　Ⅲ级，局部入侵种；常在山坡、路边及农田成片生长，形成一定的优势群落，对生态环境和农业生产有一定影响。

韭莲

Zephyranthes carinata Herbert

1、2. 生境，生于房前屋后、路边等，基生叶常数枚簇生，线形，扁平；3. 鳞茎卵球形，根须发达；4. 花单生于花茎顶端，下有佛焰苞状总苞，花冠玫瑰红色或粉红色，花被片 6，花药丁字形着生

12. 龙舌兰 *Agave americana* L.

天门冬科 Asparagaceae　　龙舌兰属 *Agave*

【别名】 龙舌掌、番麻、金边龙舌兰。

【识别特征】 多年生植物。叶呈莲座式排列，多数，大型，倒披针状线形，长 1～2 m，叶缘具疏刺。圆锥花序大型，长达 7～8 m，多分枝；花黄绿色，雄蕊长约为花被的 2 倍。蒴果长圆形。开花后花序上生成的珠芽极少。

【原产地】 美洲热带地区。

【传入途径】 有意引入。

【分布】 中国云南中低海拔地区（以干热河谷区较为常见），中国西南、华东、华南、华中、华北地区，全球热带、亚热带至温带地区广泛归化。

【生境】 山地、河谷、路边、房前屋后、荒地。

【物候】 花果期 4—7 月。

【风险评估】 Ⅱ级，严重入侵种；植株高大，叶片周围有尖刺，难以清除，在热带地区和干热河谷地带发生面积大，有明显入侵性。

龙舌兰

Agave americana L.

1. 生境，常生长于干热河谷的山坡；2. 圆锥花序大型，多分枝，高可达 7～8 m；3. 叶呈莲座式排列，多数，大型，倒披针状线形，叶缘具疏刺，顶端具 1 尖刺；4. 圆锥花序（局部）；5. 花黄绿色，雄蕊长约为花被的 2 倍；6. 蒴果长圆形

13. 孀泪花 *Tinantia erecta* (Jacq.) Fenzl

鸭跖草科 Commelinaceae　　　孀泪花属 *Tinantia*

【别名】直立孀泪花。

【识别特征】一年生直立或斜伸草本，株高 40～100 cm。叶片宽卵形，顶端渐尖，密被粗毛，边缘具纤毛。聚伞花序顶生，花序梗直立，花序梗及小花梗均密被腺毛；花两性，花瓣 3 枚，蓝色、粉红色或紫红色；蒴果，3 瓣裂。

【原产地】中南美洲。

【传入途径】有意引入。

【分布】中国云南大部分地区有引种，中国西南、华南、华东地区，非洲、中南美洲、东亚、东南亚。

【生境】常见于公园、绿化带、路边荒地及庭院。

【物候】花期 7—10 月，果期 9—11 月。

【风险评估】Ⅳ级，一般入侵种；多为栽培，偶见逸生，对生态环境影响较小。

嬬泪花

Tinantia erecta (Jacq.) Fenzl

1. 常见于阴凉处，一年生直立或斜伸草本植株；2. 叶片宽卵形，无柄，顶端渐尖；3. 聚伞花序顶生，花序梗、小花梗、花萼均密被腺毛；4. 花瓣 3 枚，蓝色或紫红色

14. 白花紫露草 *Tradescantia fluminensis* Vell.

鸭跖草科 Commelinaceae　　　紫露草 *Tradescantia*

【别名】 淡竹叶、白花紫鸭跖草。

【识别特征】 多年生草本。茎匍匐或略上升，表面光滑，节略膨大，节处易生根。叶互生，叶柄短。聚伞花序顶生，花小、多数，花萼绿色，卵形，花瓣白色，花两性，花丝白色，花药黄色。蒴果具 3 室，每室具 1 或 2 粒种子。种子黑色，表面粗糙。

【原产地】 南美洲（巴西、乌拉圭和巴拉圭）。

【传入途径】 有意引入。

【分布】 中国云南的昆明、楚雄、大理、玉溪等州市，中国西南、华东、华中、华南、华北地区，东亚、地中海地区、非洲、美洲。

【生境】 常见于道路两旁、绿化带、路边荒地。

【物候】 花果期夏秋季。

【风险评估】 Ⅱ级，严重入侵种；常侵入各类环境，形成大片单一优势群落，侵占当地植物生存空间，破坏生态环境并造成经济损失。

白花紫露草

Tradescantia fluminensis Vell.

1. 生境，常见于路边、河边，多年生草本，茎匍匐或略上升；2. 叶互生，叶柄短，聚伞花序顶生，苞片叶状，花多数；3. 花白色，花瓣 3，雄蕊 6，花丝白色，基部密被白色念珠状长毛，花药黄色

15. 紫竹梅 *Tradescantia pallida* (Rose) D. R. Hunt

鸭跖草科 Commelinaceae　　紫露草 *Tradescantia*

【别名】　紫叶鸭跖草、紫鸭跖草、紫竹兰、紫锦草。

【识别特征】　多年生草本。茎多分枝，带肉质，紫红色，下部匍匐状，节上常生须根，节和节间明显，斜伸。叶长椭圆形，卷曲，先端渐尖，基部抱茎，叶紫色。聚伞花序顶生或腋生，果实蒴果椭圆形。种子呈棱状半圆形，淡棕色。

【原产地】　墨西哥。

【传入途径】　有意引入。

【分布】　中国云南各地有栽培或逸野，中国华东、华南、华中、西南地区，东亚、南亚、东南亚、美洲、非洲、欧洲。

【生境】　花坛、庭院、路边、房前屋后、荒地。

【物候】　花期7—9月，果期9—10月。

【风险评估】　Ⅳ级，一般入侵种；常逸野形成小片状优势群落，对生态环境造成一定的破坏。

紫竹梅

Tradescantia pallida (Rose) D. R. Hunt

1. 生境及植株，常栽培，逸生于路边，多年生草本，茎多分枝，带肉质，紫红色，下部匍匐状；2. 蝎尾状聚伞花序顶生，为2枚叶状苞片所包被；3. 花桃红色，花瓣3，雄蕊6，花丝被念珠状毛

16. 凤眼莲 *Eichhornia crassipes* (Mart.) Solme

雨久花科 Pontederiaceae　　凤眼莲属 *Eichhornia*

【别名】水葫芦、水浮莲、凤眼蓝。

【识别特征】浮水草本。须根发达，棕黑色。茎极短，具长匍匐枝，与母株分离后长成新植株。叶在基部丛生，莲座状排列，叶柄中部膨大成囊状或纺锤形，内有许多由多边形柱状细胞组成的气室。穗状花序，花被片蓝白色至蓝紫色，上侧花瓣中央有一黄色圆斑，形如"凤眼"。雄蕊 6 枚，贴生于花被筒上，蒴果卵形。

【原产地】南美洲。

【传入途径】有意引入。

【分布】中国云南各地水域，中国大多数省区市有广泛引种、栽培和归化，全球热带、亚热带及温带地区。

【生境】各类淡水水域。

【物候】花期 7—10 月，果期 8—11 月。

【风险评估】Ⅰ级，恶性入侵种；与本地水生植物竞争生长空间，破坏本地水生生态系统；吸附重金属等有毒物质，构成对水质的二次污染。

凤眼莲

Eichhornia crassipes (Mart.) Solme

1. 生境，常生于水边、池塘或沼泽；2. 浮水草本，穗状花序；3. 叶在基部丛生，叶柄中部膨大成囊状或纺锤形；4. 花被片蓝白色至蓝紫色，上侧花瓣中央有一黄色圆斑，形如"凤眼"

17. 美人蕉 *Canna indica* L.

美人蕉科 Cannaceae   美人蕉属 *Canna*

【别名】 芭蕉芋、蕉芋、红艳蕉、小花美人蕉、小芭蕉。

【识别特征】 多年生草本。全株绿色无毛，被蜡质白粉。具块状根茎，地上枝丛生。单叶互生，具鞘状的叶柄。总状花序顶生，萼片3，绿白色，先端带红色；花冠大多红色或橙红色，外轮退化雄蕊2～3枚，鲜红色。蒴果绿色，卵球形，有软刺。

【原产地】 西印度群岛、南美洲。

【传入途径】 有意引入。

【分布】 中国云南各地有引种栽培，中国南部、西南部有引种，全球热带和亚热带地区有引种栽培和归化。

【生境】 农田、公园、庭院、路边。

【物候】 花果期3—12月。

【风险评估】 IV级，一般入侵种；多为栽培，野外常见逸生，多生于路边荒地，未见对生态环境造成明显危害。

美人蕉

Canna indica L.

1. 多年生草本，全株绿色无毛，单叶互生，具鞘状的叶柄；2. 总状花序顶生，疏花，花冠大多红色或橙红色；3. 蒴果绿色，卵球形，密被短的软刺；4. 蒴果内种子多数，白色，圆形

18. 风车草 *Cyperus involucratus* Rottboll

莎草科 Cyperaceae　　莎草属 *Cyperus*

【别名】 伞草、旱伞草。

【识别特征】 多年生草本，秆长 30～150 cm，稍粗壮，稍钝，具 3 角。基部具无叶的鞘，鞘棕色，苞片 14～20 枚，向四周展开，平展，小穗密集于第二次辐射枝上端，椭圆形或长圆状披针形，具 6～26 小花。小坚果椭圆形，近于三棱形，褐色。

【原产地】 东非及阿拉伯半岛。

【传入途径】 有意引入。

【分布】 中国云南中低海拔地区，中国华东、华中、华南、西南地区，欧洲、亚洲、美洲、非洲、大洋洲。

【生境】 公园、湿地、湖泊、沼泽。

【物候】 花果期 5—12 月。

【风险评估】 Ⅲ级，局部入侵种；多生于各类水体周边，种群规模通常较小，危害较轻。

风车草

Cyperus involucratus Rottboll

1. 常见于水塘边、湖泊、沼泽等，多年生草本；2、3. 小穗密集，苞片 14～20 枚，向四周
展开，平展，苞片无毛；4. 小穗椭圆形或长圆状披针形，具 6～26 小花

19. 野燕麦 *Avena fatua* L.

禾本科 Gramineae　　燕麦属 *Avena*

【别名】 铃铛麦、燕麦草、南燕麦。

【识别特征】 一年生草本。秆直立，光滑无毛。叶鞘松弛，光滑或基部被微毛；叶舌透明膜质，叶片扁平，叶面微粗糙，或正面和边缘疏生柔毛。圆锥花序开展，小穗含2～3小花，小穗轴密生淡棕色或白色硬毛。颖果被淡棕色柔毛。

【原产地】 广布于欧洲、亚洲、非洲的温带地区。

【传入途径】 无意中引入。

【分布】 中国云南各州市，中国各地广布，亚洲、欧洲、大洋洲、非洲、美洲。

【生境】 农田、路边、村庄周边荒地。

【物候】 花果期4—9月。

【风险评估】 Ⅱ级，严重入侵种；农田常见杂草，发生面积大，入侵范围广，与农作物争水肥、光照等。

野燕麦

Avena fatua L.

1. 生境，常见于农田、路边、荒地等，一年生草本植物，秆直立，光滑无毛，叶片扁平，圆锥花序开展；2. 小穗有柄，上部常下垂，外颖有绿色线纹；3. 小穗轴和外稃密生淡棕色或白色硬毛，芒自稃体中部稍下处伸出；4. 小穗成熟后种子掉落，小穗呈白色

20. 扁穗雀麦 *Bromus catharticus* Vahl.

禾本科 Gramineae　　　雀麦属 *Bromus*

【别名】 大扁雀麦。

【识别特征】 一年生草本，秆直立。叶鞘闭合，被柔毛；叶舌具缺刻；叶片散生柔毛。圆锥花序开展，窄披针形，小穗两侧极压扁，含6～11小花，颖片顶端具芒尖，基盘钝圆，无毛，颖果与内稃贴生。

【原产地】 南美洲。

【传入途径】 有意引入。

【分布】 中国云南中部、西部、西北部和东北部，中国华东、东北、华南、西南地区，欧洲、美洲、亚洲。

【生境】 农田、果园、路旁、村庄周边、城市空地、林缘等。

【物候】 花果期5—11月。

【风险评估】 Ⅰ级，恶性入侵种；入侵性强，野外种群密度高，发生量大，影响生态环境和农作物生长。

扁穗雀麦

Bromus catharticus Vahl.

1. 一年生草本，秆直立，圆锥花序开展，花序略向下弯曲；2. 生于农田旁、小穗成熟时黄白色；3. 幼苗丛生，叶扁平；4. 圆锥花序，小穗含 6～11 小花；5. 小穗两侧极压扁，颖片顶端具芒尖，基盘钝圆，无毛

21. 铺地狼尾草

Cenchrus clandestinum (Hochst. ex Chiov.) Morrone

禾本科 Gramineae   蒺藜草属 *Cenchrus*

【别名】 隐花狼尾草、东非狼尾草、克育草。

【识别特征】 多年生草本。根茎发达；匍匐茎粗壮，多分枝。营养枝可高达 20 cm；生殖枝紧凑，高 2～4 cm。叶鞘松散，覆瓦状排列，长于节间；叶舌长约 1.2 mm；叶片线形。花序退化至 2～4 小穗包围在最上部的叶鞘内；花丝线状，外露。

【原产地】 东非热带地区。

【传入途径】 有意引入。

【分布】 中国云南中部和西北部，中国华中、华南、西南地区，全球热带和亚热带地区广泛归化。

【生境】 草场、耕地、公园、路旁。

【物候】 花果期夏秋季。

【风险评估】 V级，有待观察种；作为草坪及水土保持草种引入，野外已有逸野，由于地下根茎发达，常成片生长，与本土物种相比，具有更强的生境竞争力，因此有较大的入侵风险。

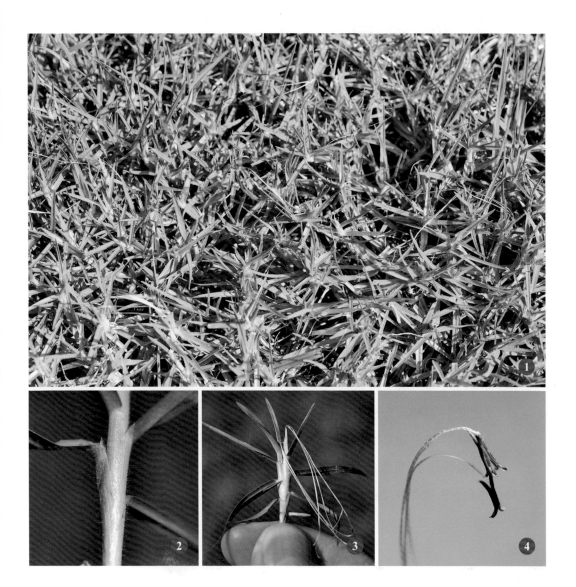

铺地狼尾草

Cenchrus clandestinum (Hochst. ex Chiov.) Morrone

1. 生于草场、农田、公园、路旁等，多年生垫状草本；2. 叶鞘松散，覆瓦状排列，长于节间，被长毛；3. 花序退化至 2～4 小穗包围在最上部的叶鞘内，花丝线状，外露；4. 花药呈 X 形，紫色

22. 蒺藜草 *Cenchrus echinatus* L.

禾本科 Gramineae　　蒺藜草属 *Cenchrus*

【别名】 刺蒺藜草、野巴夫草。

【识别特征】 一年生草本。叶鞘松弛，压扁、具脊，上部叶鞘背部具密细疣毛，近边缘处有密细纤毛，叶舌短小，具长约 1 mm 的纤毛；叶片线形或狭长披针形，质较软，总状花序直立，颖薄质或膜质，第一颖三角状披针形，先端尖。

【原产地】 美洲热带地区。

【传入途径】 无意中引入。

【分布】 中国云南中部、东部及南部部分地区，中国华北、华南、西南地区，欧洲、美洲、亚洲。

【生境】 耕地、荒地、路边、草地、沙丘、河岸。

【物候】 花果期夏季。

【风险评估】 Ⅲ级，局部入侵种；果实具棘刺，易扎伤人畜，入侵后将降低当地农作物产量及生物多样性。

蒺藜草

Cenchrus echinatus L.

1. 生于荒地、路边等，一年生草本；2. 叶舌短小，叶片扁平，叶上有明显的长柔毛；3. 刺苞呈稍扁圆球形，宽与长近相等，刚毛在刺苞上轮状着生，刺苞背部具较密的细毛和长绵毛；4. 刺苞成熟时变硬，极易钩附在人与动物身上

23. 象草 *Cenchrus purpureum* (Schumach.) Morrone

禾本科 Gramineae　　蒺藜草属 *Cenchrus*

【别名】 紫狼尾草。

【识别特征】 多年生大型草本。叶鞘光滑或具疣毛；叶舌短小，叶片线形，扁平，质较硬，正面疏生刺毛，近基部有小疣毛，背面无毛。圆锥花序，主轴密生长柔毛；小穗披针形，近无柄，雄蕊 3，花药顶端具毛。

【原产地】 非洲。

【传入途径】 有意引入。

【分布】 中国云南大部分州市，中国华中、华东、西南地区，全球热带和亚热带地区广泛归化。

【生境】 荒地、农田、水边、山坡、道路两旁。

【物候】 花果期秋冬季。

【风险评估】 Ⅲ级，局部入侵种；多发生于荒山及农田周边，生长扩散迅速，清除困难，具有较强的入侵性。

象草

Cenchrus purpureum (Schumach.) Morrone

1. 生于荒地、农田、水边、山坡等，多年生大型草本；2. 叶片大，线形，扁平；3. 秆坚硬直立，叶鞘光滑，叶舌短小；4. 圆锥花序呈穗状，金黄色；5. 主轴密生长柔毛，小穗披针形，近无柄，具芒，花药顶端具毛

24. 弯叶画眉草 *Eragrostis curvula* (Schrad.) Nees.

禾本科 Gramineae   画眉草属 *Eragrostis*

【别名】 不详。

【识别特征】 多年生草本。秆密丛生，叶鞘基部相互跨覆，叶片细长丝状，向外弯曲，圆锥花序开展，花序主轴及分枝单生、对生或轮生，分枝腋间有毛，排列较疏松，铅绿色；小穗长 6～11 mm，宽 1.5～2 mm，有 5～12 小花，排列较疏松，铅绿色。

【原产地】 非洲中部至南部。

【传入途径】 有意引入，人工引种。

【分布】 中国云南中部，中国华中、华东、华南、西南地区，美洲、亚洲、非洲。

【生境】 坡地、农田、路边荒地。

【物候】 花果期 4—9 月。

【风险评估】 Ⅲ级，局部入侵种；植株个体高，种群扩散快，对生态环境造成显著影响，具有较高入侵风险。

弯叶画眉草

Eragrostis curvula (Schrad.) Nees.

1. 多年生草本，秆密丛生，生于路边荒地；2. 圆锥花序开展，花密集；3. 茎节间有长柔毛；4. 小穗长 6～11 mm，宽 1.5～2 mm，有 5～12 小花，排列较疏松，灰绿色

25. 苇状黑麦草

Lolium arundinaceum (Schreb.)
Darbysh.

禾本科 Gramineae   黑麦草属 *Lolium*

【别名】 苇状羊茅、苇状狐茅、高羊茅、东方羊茅、中亚羊茅。

【识别特征】 多年生草本。叶鞘通常平滑无毛，稀基部粗糙。叶舌纸质，平截，叶片扁平，边缘内卷，正面粗糙，背面平滑，基部具叶耳。圆锥花序松散或收缩，多毛；小穗绿色带紫色，颖片无毛，花药浅黄色，花柱须状，白色，成熟后呈麦秆黄色。

【原产地】 欧洲至中亚。

【传入途径】 有意引入。

【分布】 中国云南的楚雄、昆明、玉溪、曲靖、大理等州市，中国华中、华东、华南、西南地区，欧洲、北美洲、亚洲。

【生境】 草地、农田、荒坡、林缘、村镇周边等。

【物候】 花期 7—9 月。

【风险评估】 Ⅲ级，局部入侵种；对农田、绿化带、生态景观造成一定影响。

苇状黑麦草

Lolium arundinaceum (Schreb.) Darbysh.

1. 生境，常生于路边、草地等，多年生草本，秆直立，平滑无毛；2. 圆锥花序松散、多毛；3. 小穗绿色带紫色，花药呈 X 形，浅黄色，花柱须状，白色；4. 颖片无毛，披针形，顶端尖或渐尖，边缘宽膜质，内稃稍短于外稃，两脊具纤毛

26. 多花黑麦草　*Lolium multiflorum* Lam.

禾本科 Gramineae　　黑麦草属 *Lolium*

【别名】 意大利黑麦草。

【识别特征】 一年生草本。叶鞘疏松，叶舌长达 4 mm，有时具叶耳，叶片扁平，无毛。穗状花序直立或稍弯曲，穗轴柔软，无毛，小穗含 10～15 小花；小穗无柄，两侧压扁，颖披针形，具狭膜质边缘，顶端钝，通常与第一小花等长；外稃长约 6 mm，具细芒。

【原产地】 非洲北部、欧洲、亚洲中部至西南部。

【传入途径】 有意引入。

【分布】 中国云南大部分州市，中国华北、华中、华东、华南、东北、西南地区，亚洲、欧洲、非洲、美洲、大洋洲。

【生境】 农田、路边、草地。

【物候】 花果期 7—8 月。

【风险评估】 Ⅲ级，局部入侵种；多发生于路边及农田，恶性程度低，防控难度通常不大。

多花黑麦草

Lolium multiflorum Lam.

1. 常见于农田、路边、草地等，一年生草本；2. 花序穗状，直立或稍弯曲，穗轴柔软，无毛，小穗含 10～15 小花；3. 小穗无柄，两侧压扁，颖披针形，顶端无芒，外稃顶端具长芒

27. 黑麦草 *Lolium perenne* L.

禾本科 Gramineae　　黑麦草 *Lolium*

【别名】 多年生黑麦草、英国黑麦草。

【识别特征】 多年生草本。具细弱根状茎，秆丛生。叶片线形，具叶舌，柔软，具微毛。穗形穗状花序直立或稍弯，颖披针形，为其小穗长的1/3，具5脉，边缘狭膜质；外稃长圆形，草质，顶端无芒，或上部小穗具短芒；内稃与外稃等长。

【原产地】 广泛分布于欧洲、亚洲暖温带地区和非洲北部。

【传入途径】 有意引入。

【分布】 中国云南大部分州市，中国华北、华中、华东、华南、东北、西南地区，亚洲、欧洲、非洲、美洲、大洋洲。

【生境】 农田、路边、草场、荒地。

【物候】 花果期5—7月。

【风险评估】 Ⅲ级，局部入侵种；多发生于路边及农田，常被人为收割作饲料，危害较低。

黑麦草

Lolium perenne L.

1. 多年生草本，根状茎细弱，秆丛生，叶片线形，长 5 ～ 20 cm，柔软；2. 穗形穗状花序直立或稍弯，长 10 ～ 20 cm；3. 小穗平滑无毛，颖片披针形，边缘狭膜质，外稃长圆形，草质，顶端常无芒

28. 红毛草 *Melinis repens* (Willd.) Zizka

禾本科 Gramineae 糖蜜草属 *Melinis*

【别名】 红茅草、笔仔草、金丝草、文笔草。

【识别特征】 多年生草本。叶鞘松弛，大都短于节间，下部亦散生疣毛；叶舌为长约 1 mm 的柔毛组成；叶片线形。圆锥花序开展，小穗柄纤细弯曲，小穗常被粉红色绢毛。第一颖小，长圆形，具 1 脉，被短硬毛；第二颖背面被疣基长绢毛，顶端微裂。

【原产地】 非洲。

【传入途径】 有意引入。

【分布】 中国云南的西双版纳（勐海）、红河、临沧（凤庆）、普洱、楚雄（元谋、永仁）等地，中国华东、华南、西南地区，非洲、大洋洲、亚洲。

【生境】 生于农田、荒地、山坡、河岸及路边。

【物候】 花果期 6—11 月。

【风险评估】 Ⅲ级，局部入侵种；多发生于水边和荒野，种群数量大，扩散较快，对生态环境危害明显。

红毛草

Melinis repens (Willd.) Zizka

1. 常见于农田、荒地、山坡和林缘等，多年生草本；2. 圆锥花序明显高出叶丛，茎生叶叶鞘灰绿色；3. 圆锥花序开展，小穗柄纤细弯曲，小穗被粉红色绢毛

29. 两耳草 *Paspalum conjugatum* P. J. Bergius

禾本科 Gramineae　　雀稗属 *Paspalum*

【别名】 八字草、叉子草、大肚草。

【识别特征】 多年生草本。叶鞘具脊；叶舌极短，与叶片交接处具长约 1 mm 的一圈纤毛；叶片披针状线形，质薄，无毛或边缘具疣柔毛。总状花序 2 枚对连，长 6～12 cm；穗轴细软且边缘有锯齿，小穗长 1.5～1.8 mm，近圆形或卵形，复瓦状排列成两行。

【原产地】 美洲热带地区。

【传入途径】 无意中引入。

【分布】 中国云南大部分低海拔地区，中国华东、华南、西南地区，非洲、美洲、亚洲。

【生境】 田野、林缘、潮湿草地。

【物候】 花果期 5—9 月。

【风险评估】 Ⅱ级，严重入侵种；常见侵入农田和绿地，对农作物和生态景观造成危害，防控难度较大。

两耳草

Paspalum conjugatum P. J. Bergius

1. 常见于田野、林缘、潮湿草地等，多年生草本；2. 叶片披针状线形，质薄，无毛或边缘具疣柔毛；3. 总状花序 2 枚对连，长 6～12 cm（比双穗雀稗长）；4. 穗轴细软且边缘有锯齿，小穗白色或黄白色，长 1.5～1.8 mm，近圆形或卵形，复瓦状排列成两行

30. 毛花雀稗 *Paspalum dilatatum* Poir

禾本科 Gramineae　　雀稗属 *Paspalum*

【别名】 美洲雀稗、大理草、宜安草。

【识别特征】 多年生草本。叶片中脉明显，无毛。总状花序形成大型圆锥花序，分枝腋间具长柔毛；小穗柄微粗糙，小穗卵形，第二颖等长于小穗，具 7～9 脉，表面散生短毛，边缘具长纤毛；第一外稃相似于第二颖，但边缘不具纤毛。

【原产地】 南美洲。

【传入途径】 有意引入。

【分布】 中国云南大部分地区都有归化，中国华东、华南、西南地区，全球热带、亚热带地区广泛归化。

【生境】 路边、草坪、农田、山坡等地。

【物候】 花果期 6—10 月。

【风险评估】 Ⅱ级，严重入侵种；侵入绿地、菜地、果园等区域，对生态环境和农业生产造成较大影响。

毛花雀稗

Paspalum dilatatum Poir

1. 常见于路边、草坪、农田、荒地等，多年生草本；2. 秆丛生，直立，粗壮；3. 总状花序形成大型圆锥花序；4. 小穗卵形，第二颖等长于小穗，表面散生短毛，边缘具长纤毛，花柱须状，紫色

31. 双穗雀稗 *Paspalum distichum* L.

禾本科 Gramineae　　雀稗属 *Paspalum*

【别名】 天线草、铁线草。

【识别特征】 多年生草本。匍匐茎横走、粗壮，节生柔毛。叶鞘短于节间，背部具脊，边缘或上部被柔毛；叶舌无毛；叶片披针形，无毛。总状花序 2 枚对连，长 3～5 cm；穗轴硬直，小穗长 3～3.5 mm，椭圆形，顶端尖，疏生微柔毛。

【原产地】 美洲热带地区。

【传入途径】 有意引入。

【分布】 中国云南大部分州市，中国华东、华南、西南地区，全球热带和亚热带地区。

【生境】 田边、路旁、河岸、草地及街边空地。

【物候】 花果期 5—9 月。

【风险评估】 Ⅱ级，严重入侵种；多发生于农田及路边，形成单一优势群落，破坏当地的生态平衡。

双穗雀稗

Paspalum distichum L.

1. 常见于田边、路旁、河岸、草地及街边空地等，多年生草本；2. 叶鞘边缘或上部被柔毛；
3. 总状花序 2 枚对连，长 3～5 cm，较两耳草短很多；4. 穗轴硬直，小穗长 3～3.5 mm，
椭圆形，顶端尖，疏生微柔毛

32. 细蘰草 *Phalaris minor* Retzius

禾本科 Grameae   蘰草属 *Phalaris*

【别名】 小籽蘰草、小蘰草。

【识别特征】 一年生草本植物。叶鞘无毛，边缘膜质；叶舌膜质，长卵形；叶片扁平，两面无毛。圆锥花序卵状长圆形，小穗两侧压扁，外稃卵状披针形，绿色、白色相间，颖片近相等，翼缘有不整齐的齿，但两侧压扁，成熟时灰褐色，有光泽。

【原产地】 地中海地区。

【传入途径】 无意中引入。

【分布】 中国云南中部至西部，中国华中、华东、西南地区，全球小麦种植区域均有归化。

【生境】 荒地、麦田、道路两旁。

【物候】 花果期冬春季。

【风险评估】 Ⅱ级，严重入侵种；麦田恶性杂草，多侵入麦田及邻近地区，发生量大，防控困难。

細藟草

Phalaris minor Retzius

1、2. 生于荒地、麦田、道路两旁，一年生草本植物，秆直立，丛生；3. 圆锥花序呈穗状，长圆形，小穗两侧压扁，外稃卵状披针形，绿色、白色相间

33. 非洲狗尾草

Setaria sphacelata (Schumach.)
Stapf & C. E. Hubb. ex Moss

禾本科 Gramineae   狗尾草属 *Setaria*

【别名】 南非鸽草、南非狗尾草。

【识别特征】 多年生草本，根状茎粗壮。茎丛生，高 50～150 cm，披白粉，有沟槽，黄绿色或灰绿色。叶鞘无毛；叶舌极短，缘有纤毛；叶片扁平，长 15～50 cm。圆锥花序长 20～40 cm，紧密，呈浓密穗状，颜色有褐色、黄色、白色等；小穗椭圆状长圆形。

【原产地】 非洲撒哈拉沙漠以南地区。

【传入途径】 有意引入。

【分布】 中国云南中部，中国西南、华南、华东等地，亚洲、非洲、美洲。

【生境】 路边、荒地、农田、荒山。

【物候】 花果期夏秋季。

【风险评估】 Ⅲ级，局部入侵种；植株高大，生命力强，繁殖快，易于蔓延成片，形成单一优势群落，对入侵地的生态系统和农业生产造成影响。

非洲狗尾草

Setaria sphacelata (Schumach.) Stapf & C. E. Hubb. ex Moss

1. 常生于路边、荒地等，多年生草本，秆直立，丛生；2. 幼株常呈铺散状，分蘖多，根系
发达；3. 叶鞘无毛，叶舌极短，缘有纤毛，茎有沟槽，黄绿色或灰绿色；4. 小穗椭圆形，
带紫红色，刚毛棕黄色

34. 俯仰尾稃草　*Urochloa eminii* (Mez) Davidse

禾本科 Poaceae　　　尾稃草属 *Urochloa*

【别名】 俯仰臂形草、伏生臂形草。

【识别特征】 一年生草本。根茎匍匐,茎秆斜卧,具纤毛;叶片线形或披针形,叶鞘圆柱形,密被纤毛。穗状花序 2～7 个组成总状花序,小穗近轴排成 2 列,椭圆形,背侧略压扁;小穗被纤毛,顶端圆钝,花药橙黄色,柱头黑色。

【原产地】 非洲。

【传入途径】 无意中引入。

【分布】 中国云南的西双版纳、普洱、临沧、德宏等州市,中国西南地区,南美洲、非洲、亚洲、澳大利亚。

【生境】 常见于路边、荒地、农田等。

【物候】 花果期 7—10 月。

【风险评估】 Ⅳ级,一般入侵种;在路边、农田周边发生,与农作物混生,影响当地的物种多样性和生态系统。

俯仰尾稃草

Urochloa eminii (Mez) Davidse

1. 生境，生于路边荒地等，一年生直立草本，穗状花序 2～7 个组成总状花序；2～4. 秆具纤毛，叶片线形或披针形，叶鞘圆柱形，密被纤毛；5. 小穗密集，无柄，椭圆形，略压扁，具纤毛，顶端圆钝；6. 小穗花序轴背面，两侧被长纤毛；7. 花序正面，花柱紫黑色，花丝短，花药黄色

35. 蓟罂粟 *Argemone mexicana* L.

罂粟科 Papaveraceae   蓟罂粟属 *Argemone*

【别名】 老鼠蓟、刺罂粟。

【识别特征】 一年生草本，茎多分枝，被刺。叶片边缘羽状深裂，具波状齿，齿端具尖刺，两面无毛。花单生于枝顶；花瓣 6，宽倒卵形，黄色；子房被黄褐色伸展的刺。蒴果自顶端开裂。种子球形。

【原产地】 美洲热带地区。

【传入途径】 有意引入。

【分布】 中国云南中低海拔地区的河谷地带，中国华东、华南、华中、西南地区，全球热带、亚热带及温带地区广泛归化。

【生境】 草地、耕地、河谷、公园、田坝中或江边。

【物候】 花果期 3—10 月。

【风险评估】 Ⅱ级，严重入侵种；常在河谷、河滩形成大片单一优势群落，人工难以清除；汁液有毒，对人畜健康造成危害。

蓟罂粟

Argemone mexicana L.

1. 常生于草地、耕地、河谷等，一年生草本；2. 植株具刺，叶片边缘羽状深裂，具波状齿，齿端具尖刺；3. 花单生于枝顶，花瓣6，宽倒卵形，黄色；4. 上位子房，雄蕊多数，子房具刺；5. 蒴果，被黄褐色伸展的刺，柱头宿存

36. 虞美人 *Papaver rhoeas* L.

罂粟科 Papaveraceae　　罂粟属 *Papaver*

【别名】 丽春花、赛牡丹。

【识别特征】 一年生草本，全体被伸展的刚毛。茎直立，叶互生，披针形或狭卵形，羽状分裂。花单生于茎和分枝顶端。花蕾长圆状倒卵形，下垂；萼片 2，宽椭圆形；花瓣 4，深红色；花药黄色；子房无毛，柱头辐射状。蒴果宽倒卵形。

【原产地】 欧洲至中亚。

【传入途径】 有意引入。

【分布】 中国云南各地有栽培（偶有逸野），中国各地常见栽培，全球亚热带和温带地区有广泛栽培和逸野。

【生境】 花圃、山坡、河边、公园、绿化带、农田。

【物候】 花果期 3—8 月。

【风险评估】 Ⅴ级，有待观察种；广泛栽培的观赏植物，偶见逸野，未见对生态环境及农业生产造成影响。

虞美人

Papaver rhoeas L.

1. 生于公园、农田或庭院周围等，一年生草本；2. 全体被伸展的淡黄色刚毛，茎直立，叶披针形或狭卵形，羽状分裂；3. 花蕾长圆状倒卵形，常下垂，萼片2，宽椭圆形，外面被刚毛；4. 花瓣4，圆形、宽椭圆形或宽倒卵形，深红色，雄蕊多数，柱头5～18裂，呈辐射状；5. 蒴果宽倒卵形，具刚毛；6. 蒴果干后褐色，顶端呈小孔状开裂

37. 棒叶落地生根

Kalanchoe delagoensis
Eckl. & Zeyh.

景天科 Crassulaceae　　　伽蓝菜属 *Kalanchoe*

【别名】 洋吊钟、棒叶景天。

【识别特征】 粗壮的二年生植物。茎直立，稍肉质，基部不分枝，绿褐色带紫褐色斑点。叶交互对生，细长棒状，叶面有沟，粉色，带红褐色斑点；叶端长有很小的幼株，落地后即可生根成活。聚伞花序圆锥状，花肉红色至深红色。

【原产地】 马达加斯加。

【传入途径】 有意引入。

【分布】 中国云南有广泛栽培及逸野，中国华东、华南、华北、西南地区，全球热带及亚热带地区有广泛栽培或归化。

【生境】 路旁、房顶、河岸、草地、围墙边、灌木丛、耕地、公园、平缓山坡和谷地。

【物候】 花期12月—次年3月。

【风险评估】 Ⅱ级，严重入侵种；生命力顽强，对农业生产和生物多样性造成影响，且植株有毒，人畜误食易中毒甚至死亡。

棒叶落地生根
Kalanchoe delagoensis Eckl. & Zeyh.

1. 生于荒地、山坡、路旁、房顶等，二年生植物；2. 茎直立，粗壮，顶部分枝，叶棒状；
3. 聚伞花序圆锥状，花肉红色，下垂，萼片绿色；4. 花瓣 4，花肉红色至深红色，花丝较
花筒稍长

38. 落地生根 *Kalanchoe pinnata* (Lam.) Pers.

景天科 Crassulaceae　　伽蓝菜属 *Kalanchoe*

【别名】 不死鸟、打不死。

【识别特征】 多年生草本。茎有分枝。羽状复叶，小叶长圆形至椭圆形，先端钝，边缘有圆齿，圆齿底部易生芽。圆锥花序顶生；花下垂，花萼圆柱形，花冠管状，基部稍膨大，顶端4裂，裂片卵状披针形，淡红色或紫红色；雄蕊8，着生花冠基部。蓇葖果，种子具条纹。

【原产地】 马达加斯加。

【传入途径】 有意引入。

【分布】 中国云南各地有栽培或逸生，中国华东、华南、西南地区，全球热带和亚热带地区有广泛引种或归化。

【生境】 河岸、草地、灌木丛、耕地、庭院、公园、平缓山坡和谷地。

【物候】 花期1—3月。

【风险评估】 Ⅲ级，局部入侵种；容易逸野并形成小规模优势群落，但总体扩散范围有限，尚可控制。

落地生根

Kalanchoe pinnata (Lam.) Pers.

1. 生于公园、平缓山坡和谷地等，多年生草本，茎有分枝，圆锥花序顶生呈塔状；2. 小叶长圆形至椭圆形，先端钝，边缘有圆齿；3. 圆锥花序顶生，花梗纤细，弯曲下垂；4. 花萼筒筒状，淡绿色，或多或少具紫斑

39. 粉绿狐尾藻

Myriophyllum aquaticum (Vell.) Verdc.

小二仙草科 Haloragaceae   狐尾藻属 *Myriophyllum*

【别名】 羽毛草、布拉狐尾、大聚藻。

【识别特征】 多年生挺水或沉水草本。茎上部直立，下部具有沉水性。叶轮生，多为 5 叶轮生，叶片圆扇形，一回羽状，两侧有 8～10 片淡绿色的丝状小羽片。雌雄异株，穗状花序，白色。分果，种子圆柱形，种皮膜质，胚具胚乳。

【原产地】 南美洲。

【传入途径】 有意引入。

【分布】 中国云南的昆明、玉溪、楚雄、大理、丽江等州市，中国华东、华中、华南、西南地区，全球热带至温带地区有广泛引种和归化。

【生境】 稻田、溪流、池塘、河沟、沼泽等。

【物候】 花期 7—9 月。

【风险评估】 Ⅰ级，恶性入侵种；在水域中大面积发生，形成单一优势群落，排挤本地物种，破坏水下生态环境。

粉绿狐尾藻

Myriophyllum aquaticum (Vell.) Verdc.

1. 常生于稻田、溪流、池塘、河沟、沼泽等，多年生挺水或沉水草本；2. 植株密集；3. 茎上部直立，叶轮生，叶片圆扇形，一回羽状，两侧有 8～10 片淡绿色的丝状小羽片

40. 银荆 *Acacia dealbata* Link

豆科 Leguminosae　　相思树属 *Acacia*

【别名】 鱼骨松、鱼骨槐。

【识别特征】 乔木。嫩枝及叶轴被灰色短绒毛和白霜。二回羽状复叶，银灰色至淡绿色；羽片密集，线形，叶背面或两面被灰白色短柔毛。头状花序，复排成腋生的总状花序或顶生的圆锥花序；花淡黄色或橙黄色。荚果长圆形，无毛，被白霜。

【原产地】 澳大利亚。

【传入途径】 有意引入。

【分布】 中国云南中部、西北部至东北部，中国华东、华南、华中、西南地区，全球热带、亚热带和温带地区有广泛引种。

【生境】 森林、道路两旁、公园、平缓山坡和谷地。

【物候】 花期2—5月，果期7—8月。

【风险评估】 Ⅱ级，严重入侵种；在云南多个地区已形成单一优势群落，对本地物种排挤明显；在过火地为次生演替先锋植物，可迅速生长并占据生态位，形成优势群落。

银荆

Acacia dealbata Link

1. 乔木，生于道路两旁、公园、平缓山坡和谷地等；2. 小花序头状，多个密集，形成总状花序或圆锥花序；3. 二回羽状复叶，银灰色至淡绿色，羽片密集，线形；4. 嫩枝及叶轴被灰色短绒毛，腺体明显，位于羽叶间；5. 荚果长圆形，压扁状；6. 枝条密被白霜；7. 花淡黄色或橙黄色；8. 荚果无毛，通常被白霜，红棕或黑色，沿腹缝线开裂，种子卵圆形，黑色，有光泽

41. 黑荆
Acacia mearnsii De Wild.

豆科 Leguminosae   相思树属 *Acacia*

【别名】 澳大利亚金合欢、黑儿茶。

【识别特征】 乔木。小枝有棱，被灰白色短绒毛。二回羽状复叶，嫩叶被金黄色短绒毛，老叶被灰色短柔毛；羽片 8～20 对，小叶 30～40 对，排列紧密，线形。头状花序圆球形，在叶腋排成总状花序或在枝顶排成圆锥花序；花淡黄色或白色。荚果长圆形，压扁状。种子卵圆形。

【原产地】 澳大利亚。

【传入途径】 有意引入。

【分布】 中国云南中部、北部和东部，中国华东、华南、华中、西南地区，亚洲、欧洲南部、美洲、非洲、大洋洲等。

【生境】 道路两旁、山地、公园、荒地。

【物候】 花期 6—7 月，果期 8—11 月。

【风险评估】 Ⅲ级，局部入侵种；在云南多个地区形成单一优势群落，对本地物种排挤明显；在过火地为次生演替先锋植物。

黑荆

Acacia mearnsii De Wild.

1. 乔木，生于道路两旁、山地、公园、荒地等；2. 二回羽状复叶，羽片 8～20 对，排列紧密，线形；3. 头状花序圆球形，在枝顶排成圆锥花序，花淡黄色或白色；4. 荚果长圆形，压扁状，于种子间略收窄，被短柔毛

42. 阔荚合欢 *Albizia lebbeck* (L.) Benth.

豆科 Leguminosae   合欢属 *Albizia*

【别名】 大叶合欢。

【识别特征】 落叶乔木。嫩枝密被短柔毛，老枝无毛。二回羽状复叶；羽片 2~4 对，小叶 4~8 对，长椭圆形，先端圆钝或微凹，两面无毛或背面疏被微柔毛。头状花序，花萼管状，被微毛；花冠黄绿色，裂片三角状卵形。荚果带状，扁平。种子椭圆形。

【原产地】 非洲热带地区。

【传入途径】 有意引入。

【分布】 中国云南的玉溪（元江、峨山）等地，中国华东、华南、华中、西南地区，全球热带、亚热带地区。

【生境】 道路两旁、公园、荒山、房前屋后。

【物候】 花期 5—9 月，果期 10—翌年 5 月。

【风险评估】 V 级，有待观察种；在峨山等地有逸生和归化，有待进一步观察研究。

阔荚合欢

Albizia lebbeck (L.) Benth.

1. 常生于路边、公园等，乔木；2. 二回羽状复叶，小叶长椭圆形，先端圆钝或微凹；3. 荚果带状，扁平，种子椭圆形

43. 紫穗槐 *Amorpha fruticosa* L.

豆科 Leguminosae　　紫穗槐属 *Amorpha*

【别名】 槐树、紫槐、棉槐、棉条、椒条。

【识别特征】 落叶灌木，丛生。叶互生，奇数羽状复叶，小叶卵形或椭圆形，先端圆形，锐尖或微凹，叶正面常无毛，叶背面有白色短柔毛且具黑色腺点。穗状花序常 1 至数个顶生和枝端腋生，密被短柔毛，旗瓣心形，紫色，无翼瓣和龙骨瓣。荚果下垂，表面有凸起的疣状腺点。

【原产地】 美国东北部和东南部。

【传入途径】 有意引入。

【分布】 中国云南西北部（澜沧江及怒江流域）、昆明等，中国大多数地区均有引种栽培，亚洲、欧洲、美洲。

【生境】 路边、山坡、河边。

【物候】 花果期 5—10 月。

【风险评估】 Ⅲ级，局部入侵种；多生长于河边及路边，呈小片状分布，对侵入地生态环境造成一定影响。

紫穗槐

Amorpha fruticosa L.

1. 常生于路边、山坡等，丛生落叶灌木；2. 奇数羽状复叶，小叶卵形或椭圆形，背面有白色短柔毛；3. 花序穗状顶生组成大的圆锥花序；4. 穗状花序长 7～15 cm，密被短柔毛；5. 小花萼片密被短柔毛，绿色偏红色，花冠紫色，雄蕊伸出花冠外

44. 蔓花生 *Arachis duranensis* Krapov. & W. C. Greg.

豆科 Leguminosae　　落花生属 *Arachis*

【别名】 长喙花生、黄色蔓花生。

【识别特征】 多年生宿根草本。偶数羽状复叶具小叶 2～3 对，叶互生，倒卵形，全缘。花单生于叶腋，花冠金黄色，旗瓣近圆形，翼瓣长圆形，龙骨瓣内弯，子房近无柄，受精后子房柄延长，插入土下，于地下发育成熟。荚果长椭圆形。

【原产地】 南美洲中部。

【传入途径】 有意引入。

【分布】 中国云南各地有引种栽培，中国南方地区广为种植，全球范围内的分布不详。

【生境】 路边、草地、荒地、公园、绿化带。

【物候】 花期春季至秋季。

【风险评估】 Ⅳ级，一般入侵种；有时可见从栽培区域逸野，形成局部优势群落，具有一定入侵性，但发生范围有限，总体可控。

蔓花生

Arachis duranensis Krapov. & W. C. Greg.

1. 常生于路边、草地、荒地、公园、绿化带等，多年生宿根草本；2. 偶数羽状复叶具小叶
2～3 对，小叶倒卵形，全缘；3. 蝶形花冠，金黄色，旗瓣近圆形，翼瓣长圆形；4. 龙骨瓣
内弯，具喙

45. 洋金凤 *Caesalpinia pulcherrima* (L.) Sw.

豆科 Leguminosae   云实属 *Caesalpinia*

【别名】 金凤花、黄蝴蝶、蛱蝶花。

【识别特征】 大灌木或小乔木。枝光滑，具散生疏刺。二回羽状复叶，羽片长圆形或倒卵形，基部偏斜。总状花序近伞房状，顶生或腋生，萼片5，无毛，花瓣橙红色或黄色，花丝红色，远伸出于花瓣外。荚果狭而薄，倒披针状长圆形，无翅。

【原产地】 西印度群岛。

【传入途径】 有意引入。

【分布】 中国云南的红河、西双版纳、德宏、保山等州市，中国华东、华南、华中、西南地区，全球热带和亚热带地区有广泛引种或归化。

【生境】 田边、路边、山坡草丛。

【物候】 花果期几乎全年。

【风险评估】 Ⅳ级，一般入侵种；多为栽培，可见逸生于山坡、荒地等区域，危害程度较低。

洋金凤

Caesalpinia pulcherrima (L.) Sw.

1. 生于路边、公园和山坡草丛等，大灌木或小乔木；2. 二回羽状复叶，羽片 4～8 对，对生，小叶 7～11 对，羽片长圆形或倒卵形；3. 总状花序近伞房状，花瓣橙红色或黄色，花丝红色，远伸出于花瓣外；4. 荚果狭而薄，倒披针状长圆形，无翅，先端有长喙

46. 木豆　*Cajanus cajan* (L.) Millsp.

豆科 Leguminosae　　木豆属 *Cajanus*

【别名】 三叶豆。

【识别特征】 直立灌木。茎多分枝，小枝被灰色短柔毛。托叶小，卵状披针形，羽状 3 小叶，小叶纸质，披针形至椭圆形，两面被毛。总状花序，花冠黄色，旗瓣近圆形，翼瓣微倒卵形，龙骨瓣先端钝。荚果线状长圆形，种子近圆形。

【原产地】 印度。

【传入途径】 有意引入。

【分布】 中国云南东南部、南部、西南部以及一些干热河谷地区，中国华东、华南、华中、华北、西南地区，全球热带和亚热带地区。

【生境】 山坡、沙地、旷地、丛林或林边。

【物候】 花果期 2—11 月。

【风险评估】 Ⅲ级，局部入侵种；云南各地可见逸野归化，范围有限，未见大面积扩散形成单一优势群落，对生态环境和农业生产危害轻。

木豆

Cajanus cajan (L.) Millsp.

1. 生于山坡、沙地、旷地、林缘等，直立灌木，茎多分枝，羽状复叶 3 小叶，小叶纸质，披针形至椭圆形；2. 总状花序顶生或腋生，长约 3~7 cm；3. 蝶形花冠，翼瓣微倒卵形，外侧偏肉红色，翼瓣黄色，花萼 5 裂，具白柔毛；4. 龙骨瓣先端钝，黄绿色

47. 山扁豆 *Chamaecrista mimosoides* (L.) Greene

豆科 Leguminosae　　山扁豆属 *Chamaecrista*

【别名】 含羞草决明、含羞草山扁豆、水皂角、还瞳子、黄瓜香、梦草。

【识别特征】 一年生或多年生半灌木状草本。枝条纤细，被微柔毛。羽状复叶，具圆盘状腺体 1 枚；小叶 20～50 对，线状镰形，顶端短急尖；托叶线状锥形。花序腋生；花瓣黄色，不等大，具短柄，略长于萼片；雄蕊 10枚，5 长 5 短相间而生。荚果镰形，扁平。

【原产地】 美洲热带地区。

【传入途径】 有意引入。

【分布】 中国云南大部分州市，中国华东、华南、华中、华北、西南地区，全球热带和亚热带地区。

【生境】 农田、路边、旷野、山坡、林缘、公园、绿化带。

【物候】 花期 8—12 月。

【风险评估】 Ⅲ级，局部入侵种；在云南各地多种生境有归化，危害较轻，防控难度低，未见大面积扩散入侵。

山扁豆

Chamaecrista mimosoides (L.) Greene

1. 常生于旷野、路边、山坡等，一年生或多年生半灌木状草本；2. 小枝被微柔毛，羽状复叶，最下一对羽片具圆盘状腺体 1 枚，小叶线状镰形，托叶线状锥形，花序腋生，萼片 5，花瓣黄色；3. 荚果镰形，扁平，边缘具白毛

48. 蝶豆　*Clitoria ternatea* L.

豆科 Leguminosae　　蝶豆属 *Clitoria*

【别名】 蝴蝶花豆、蓝花豆。

【识别特征】 攀缘状草质藤本。小叶 5～7，薄纸质或近膜质，宽椭圆形或有时近卵形，两面疏被贴伏的短柔毛或有时无毛。花单生叶腋；苞片 2，披针形；小苞片膜质，近圆形；花萼膜质，5 裂，裂片披针形；花冠蓝色、粉红色或白色，旗瓣宽倒卵形，中央有一白色或橙黄色浅晕。荚果刀形，扁平，密被柔毛，顶端具喙。

【原产地】 可能为印度。

【传入途径】 有意引入。

【分布】 中国云南的红河、西双版纳、临沧等州市，中国西南、华南、华东地区，广泛栽培或归化于全球热带地区。

【生境】 路边、花坛、庭园围篱边。

【物候】 花果期 7—11 月。

【风险评估】 Ⅳ级，一般入侵种；云南热带地区可见逸生于路边、墙脚等地，发生量小，危害较轻。

蝶豆

Clitoria ternatea L.

1. 生于路边、花坛等，攀缘状草质藤本，小叶 5～7，宽椭圆形或有时近卵形；2. 花单生叶腋，花萼 5 裂，裂片披针形，花冠蓝色，旗瓣宽倒卵形，中央有一白色浅晕；3. 苞片 2，近圆形，被稀疏白柔毛，托叶钻形；4. 荚果刀状，扁平，密被柔毛，顶端具喙，花萼宿存

49. 菽麻　*Crotalaria juncea* L.

豆科 Leguminosae　　猪屎豆属 *Crotalaria*

【别名】 自消容、太阳麻、印度麻。

【识别特征】 直立草本。茎枝圆柱形，密被丝质短柔毛。托叶线形；单叶，叶片长圆状线形或线状披针形。总状花序顶生或腋生；花萼二唇形；花冠黄色，旗瓣长圆形，翼瓣倒卵状长圆形，龙骨瓣与翼瓣近等长，伸出萼外。荚果长圆形。种子 10～15 颗。

【原产地】 印度次大陆地区。

【传入途径】 有意引入。

【分布】 中国云南的昆明、玉溪（元江）、红河、临沧、西双版纳等地，中国华东、华南、华北、西北、西南地区，全球热带和亚热带地区有广泛引种。

【生境】 农田、荒地、路旁及山坡疏林。

【物候】 花果期 8 月—翌年 5 月。

【风险评估】 Ⅱ级，严重入侵种；常见发生于农田、路边等区域，发生范围较大，具有明显入侵性。

菽麻

Crotalaria juncea L.

1. 常生于路边、山坡、疏林下等，直立草本；2. 花冠黄色，旗瓣长圆形，翼瓣倒卵状长圆形，龙骨瓣与翼瓣近等长；3. 荚果长圆形，具喙，被锈色柔毛；4、5. 单叶，叶片长圆状线形或线状披针形，被毛，叶背毛密而长，具短柄；6. 总状花序顶生，花萼二唇形，被锈色长柔毛，深裂几达基部，萼齿披针形，弧形弯曲；7. 种子心形

50. 三尖叶猪屎豆   *Crotalaria micans* Link

豆科 Leguminosae   猪屎豆属 *Crotalaria*

【别名】 黄野百合、美洲野百合。

【识别特征】 草本或半灌木。茎枝圆柱形，粗壮，各部密被锈色贴伏毛。叶三出，小叶质薄，椭圆形或长椭圆形。总状花序顶生；花萼近钟形；花冠黄色，伸出萼外，旗瓣圆形，翼瓣长圆形，龙骨瓣中部以上弯曲。荚果长圆形，幼时密被锈色柔毛。种子马蹄形。

【原产地】 美洲热带地区。

【传入途径】 有意引入。

【分布】 中国云南中低海拔地区，中国华东、华南、西南等地，全球热带和亚热带地区。

【生境】 道路两旁、农田、荒地、房前屋后。

【物候】 花果期 5—12 月。

【风险评估】 Ⅰ级，恶性入侵种；容易形成优势群落，种群密度高，发生面积大，对生态环境和生物多样性造成严重破坏。

三尖叶猪屎豆

Crotalaria micans Link

1. 常生于山坡、荒地等；2. 丛生草本或半灌木；3、4. 叶三出，小叶质薄，长椭圆形，叶背略被短柔毛；5. 与光萼猪屎豆相比，花萼、果实上均密被锈色丝质柔毛；6. 总状花序顶生，花冠黄色，伸出萼外，龙骨瓣中部以上弯曲；7. 荚果长圆形，具喙

51. 狭叶猪屎豆 *Crotalaria ochroleuca* G. Don

豆科 Leguminosae   猪屎豆属 *Crotalaria*

【别名】 条叶猪屎豆、狭线叶猪屎豆、线叶猪屎豆。

【识别特征】 直立草本或半灌木。茎枝通常有棱，幼时被短柔毛，后渐无毛。小叶三出，线形或线状披针形，先端渐尖，具短尖头。总状花序顶生，花萼近钟形，秃净无毛，5裂，萼齿三角形，比萼筒短；花冠淡黄色或白色；子房无柄。荚果长圆形，种子肾形。

【原产地】 非洲热带地区。

【传入途径】 有意引入。

【分布】 中国云南南部、西南部、西部，中国华东、华南、西南地区，东亚、南亚、东南亚、非洲、美洲、大洋洲。

【生境】 路边、草地、山坡草丛。

【物候】 花果期8—12月。

【风险评估】 Ⅲ级，局部入侵种；云南西部龙陵等地的路边、山地可见分布，种群数量不大，危害较轻。

狭叶猪屎豆

Crotalaria ochroleuca G. Don

1. 常生于路边、荒地、山坡草丛等，直立草本或半灌木；2. 小叶三出，线形或线状披针形；3. 总状花序顶生，花冠淡黄色，旗瓣长圆形，花萼近钟形，萼齿三角形，比萼筒短；4. 荚果长圆形，萼片宿存

52. 猪屎豆　*Crotalaria pallida* Ait.

豆科 Leguminosae　　猪屎豆属 *Crotalaria*

【别名】 黄野百合。

【识别特征】 多年生草本，或呈灌木状。茎枝圆柱形，密被紧贴的短柔毛。托叶刚毛状；小叶三出，长圆形或椭圆形，先端钝圆或微凹，基部阔楔形。总状花序顶生；花萼近钟形，密被短柔毛；花冠黄色，伸出萼外，旗瓣圆形或椭圆形，翼瓣长圆形，龙骨瓣弯曲，具长喙。荚果长圆形。种子20～30颗。

【原产地】 非洲。

【传入途径】 有意引入。

【分布】 中国云南大部分地区，中国华东、华南、华中、西南地区，美洲、非洲、亚洲热带及亚热带地区。

【生境】 农田、山野、路边、荒地。

【物候】 花果期9—12月。

【风险评估】 Ⅲ级，局部入侵种；容易形成优势群落，种群密度高，种子和嫩叶有毒，家畜误食后容易中毒。

猪屎豆

Crotalaria pallida Ait.

1. 多年生草本，呈灌木状，茎枝圆柱形，密被紧贴的短柔毛，成熟荚果黄褐色；2. 小叶三出，长圆形，先端钝圆，基部阔楔形；3. 总状花序顶生，密被短柔毛，花冠黄色，伸出萼；4. 果序；5. 荚果长圆形

53. 光萼猪屎豆 *Crotalaria trichotoma* Bojer

豆科 Leguminosae　　猪屎豆属 *Crotalaria*

【别名】 南美猪屎豆、光萼野百合。

【识别特征】 草本或半灌木。托叶钻状；小叶三出，长椭圆形，两端渐尖，叶正面光滑无毛，叶背面被短柔毛。总状花序顶生；苞片线形；花萼近钟形，无毛；花冠黄色，伸出萼外，旗瓣圆形，翼瓣长圆形，龙骨瓣喙部不扭转。荚果长圆柱形。种子肾形。

【原产地】 非洲东南部地区。

【传入途径】 有意引入。

【分布】 中国云南南部至中部，中国华东、华南、华中、西南地区，全球热带和亚热带地区。

【生境】 路边、农田、山坡、荒草丛。

【物候】 花果期 4—12 月。

【风险评估】 Ⅱ级，严重入侵种；生长快，扩散迅速，短时间内容易形成优势群落，侵入农田、绿化带等地，对栽培植物造成影响，防控相对困难。

光萼猪屎豆

Crotalaria trichotoma Bojer

1. 常生于山坡、荒地等，丛生草本或半灌木；2. 小叶三出，长椭圆形，两端渐尖，叶背被短柔毛；3. 总状花序顶生，花冠黄色，旗瓣圆形，翼瓣长圆形，龙骨瓣喙部不扭转；4. 荚果长圆柱形，顶部略宽

54. 凤凰木   *Delonix regia* (Bojer ex Hook.) Raf.

豆科 Leguminosae   凤凰木属 *Delonix*

【别名】 火凤凰、金凤花、红楹、火树、红花楹、凤凰花。

【识别特征】 高大落叶乔木。树冠扁圆形，分枝多；小枝常被短柔毛。二回偶数羽状复叶，羽片 15～20 对；小叶长圆形，两面被绢毛，全缘。伞房状总状花序顶生或腋生；花托盘状或短陀螺状，萼片里面红色，边缘绿黄色；花冠鲜红至橙红色；花瓣匙形，具黄色及白色花斑。荚果带形，扁平，近木质。种子横长圆形。

【原产地】 马达加斯加。

【传入途径】 有意引入。

【分布】 中国云南中低海拔地区有栽培（常有逸野），中国华东、华南、华中、华北、西南地区，全球热带和亚热带地区有广泛引种。

【生境】 路边、公园、小区、村庄。

【物候】 花期 6—7 月，果期 8—10 月。

【风险评估】 Ⅳ级，一般入侵种；热带地区可见母树下常有小树生长，但未见明显扩散，亦未见对当地生态环境造成显著影响。

凤凰木

Delonix regia (Bojer ex Hook.) Raf.

1. 常生于路边、公园、山林等，高大落叶乔木；2. 蝶形花冠鲜红至橙红色；3. 萼片 5，内部红色，边缘绿黄色，花瓣 5，匙形，红色，具黄色及白色花斑，瓣柄细长，雄蕊 10 枚，红色，长短不等，向上弯，花丝粗，花药红色，花柱较雄蕊略长，柱头小，截形

（注：该种图片❸由丁开宇拍摄）

55. 银合欢 *Leucaena leucocephala* (Lam.) de Wit

豆科 Leguminosae   银合欢属 *Leucaena*

【别名】 白合欢。

【识别特征】 灌木或小乔木。幼枝被短柔毛，老枝无毛，具褐色皮孔，无刺。托叶三角形。羽片4~8对，小叶5~15对，线状长圆形，先端急尖，基部楔形，边缘被短柔毛。头状花序通常1~2个腋生，花瓣狭倒披针形。荚果带状，顶端凸尖，基部有柄，纵裂，被微柔毛。种子6~25颗，卵形。

【原产地】 美洲热带地区。

【传入途径】 作为绿化造林植物引入。

【分布】 中国云南中低海拔地区，中国华东、华南、华中、西北、西南地区，全球热带和亚热带地区。

【生境】 路边、河边、山地、房前屋后。

【物候】 花期4—7月；果期8—10月。

【风险评估】 Ⅰ级，恶性入侵种；枝叶有毒，种子产量高，萌发能力强，常形成单一优势群落，具有化感作用，易抑制其他植物生长，多为大型灌木，铲除较困难。

银合欢

Leucaena leucocephala (Lam.) de Wit

1. 常生于山地、路边等，灌木或小乔木；2. 茎具褐色皮孔，无刺；3. 二回羽状复叶，小叶
线状长圆形；4. 最下一对羽片着生处有腺体 1 枚；5. 头状花序组合成大型的圆锥状花序；
6. 头状花序，白色，顶端花药淡黄色；7. 荚果带状，顶端凸尖，基部有柄，纵裂

56. 紫花大翼豆   *Macroptilium atropurpureum* (DC.) Urban

豆科 Leguminosae   大翼豆属 *Macroptilium*

【别名】 紫菜豆、大翼豆。

【识别特征】 多年生蔓性草本。茎被短柔毛或茸毛。羽状复叶具 3 小叶；托叶卵形；小叶卵形至菱形，侧生小叶偏斜，先端钝或急尖，基部圆形，叶正面被短柔毛，叶背面被银色茸毛。花萼钟状；花冠深紫色，旗瓣具长瓣柄。荚果线形。种子长圆状椭圆形。

【原产地】 美洲热带地区。

【传入途径】 有意引入。

【分布】 中国云南的西双版纳、红河（蒙自）、玉溪（元江）、楚雄（元谋）、大理等地，中国华东、华南、西南地区，全球热带、亚热带许多地区均有栽培和归化。

【生境】 路边、河谷、草地、草原、灌木丛、林缘等。

【物候】 花期 1—5 月。

【风险评估】 Ⅲ级，局部入侵种；云南多见于干热河谷地区，呈小片状生长，范围不大，种群规模在可控范围内。

紫花大翼豆

Macroptilium atropurpureum (DC.) Urban

1. 常生于路边、灌木丛等，多年生蔓性草本，茎被短柔毛或茸毛；2、3. 羽状 3 小叶，小叶菱形，先端钝或急尖，正面被短柔毛，背面被银色茸毛；4. 蝶形花冠，深紫色，旗瓣具长瓣柄，花萼钟状；5. 荚果线形

57. 紫苜蓿 *Medicago sativa* L.

豆科 Leguminosae   苜蓿属 *Medicago*

【别名】 三叶草、草头、苜蓿。

【识别特征】 多年生草本。茎直立向上，很少匍匐，四棱，无毛或被微柔毛，多分枝。羽状三出复叶，叶柄长 1～1.5 cm，小叶长卵形，基部渐狭，上部 1/3 有细锯齿，先端圆。花序短总状，密集，具 5～30 小花，花冠白色、深蓝色，到深紫色。荚果成螺旋状卷曲，疏被毛，顶端具喙，成熟时棕色。

【原产地】 地中海周边至中亚。

【传入途径】 有意引入。

【分布】 中国云南大部分州市，中国各地多有栽培，全球亚热带、温带地区广泛栽培。

【生境】 路边、河边、草地、农田、牧场、公园。

【物候】 花期 5—7 月，果期 6—10 月。

【风险评估】 Ⅲ级，局部入侵种；农田常见杂草，发生量不大，危害较轻，且有饲用价值，易于防控。

紫苜蓿

Medicago sativa L.

1. 生于路边、荒地等，多年生草本，茎直立上升，多分枝；2. 羽状 3 小叶，小叶长卵形；
3. 叶背被毛，托叶披针形，先端尖，有柔毛；4. 花序短总状，密集，花冠深紫色，旗瓣长
倒卵状，较翼瓣及龙骨瓣长，翼瓣、龙骨瓣均具爪，翼瓣具较长耳

58. 白花草木樨 *Melilotus albus* Medik.

豆科 Leguminosae　　草木樨属 *Melilotus*

【别名】　白蓓草木樨、白甜车轴草、白香草木樨、白花草木犀。

【识别特征】　一年生或二年生草本。茎直立圆柱状，中空，多分枝。羽状三出复叶，托叶钻形，全缘；叶柄纤细，短于小叶；小叶披针形、长圆形或倒披针形长圆形，边缘有浅锯齿。总状花序，白色；子房狭卵形。荚果椭圆形到长圆形，棕色，成熟时深色，先端锐尖，具喙。种子棕色，卵球形。

【原产地】　欧洲、西亚。

【传入途径】　有意引入。

【分布】　中国云南大部分中低海拔地区，中国东北、华北、西北、西南地区，全球亚热带至温带地区。

【生境】　田边、路边、荒地、山坡草丛。

【物候】　花期5—7月，果期7—9月。

【风险评估】　Ⅲ级，局部入侵种；常见杂草，侵入农田、果园，对农作物生长造成影响，发生量通常不大，容易防治。

白花草木樨

Melilotus albus Medik.

1. 常生于路边、荒地、山坡草丛等，一年生或二年生草本，茎直立圆柱状，多分枝；2. 羽状 3 小叶，长圆形，边缘有浅锯齿；3. 总状花序，白色，排列疏松；4. 荚果椭圆形到长圆形

59. 印度草木樨 *Melilotus indicus* (L.) All.

豆科 Leguminosae 草木樨属 *Melilotus*

【别名】 印度草木犀、小花草木犀（樨）。

【识别特征】 一年生草本；茎直立，之字形曲折。羽状三出复叶；托叶披针形，基部扩大成耳状；叶柄细，与小叶近等长，小叶倒卵伏楔形或窄长圆形，近等大。总状花序细，总梗较长，被柔毛；萼杯状；花冠黄色；子房卵状长圆形。荚果球形。种子阔卵形，暗褐色。

【原产地】 南亚、中亚至南欧。

【传入途径】 有意引入。

【分布】 中国云南的昆明、玉溪、楚雄、大理、德宏等州市，中国华中、华东、华南、西南地区，全球亚热带和温带地区有广泛引种或归化。

【生境】 农田、路边、荒地。

【物候】 花期 3—5 月，果期 5—6 月。

【风险评估】 Ⅲ级，局部入侵种；常见杂草，多生长于农田、果园，对农作物生长造成影响，植株小，发生量有限，容易防治。

印度草木樨

Melilotus indicus (L.) All.

1. 常生于农田、路边、荒地等，一年生草本，茎直立，羽状三出复叶；2. 花小，花梗短，花冠黄色，花萼 5 裂，绿色；3. 荚果球形，具喙，表面具网状脉纹，橄榄绿色，荚果皮被白粉，萼片红紫色

60. 草木樨 *Melilotus officinalis* (L.) Lam.

豆科 Leguminosae   草木樨属 *Melilotus*

【别名】 黄花草木樨、黄香草木樨、辟汗草。

【识别特征】 二年生草本。茎直立，粗壮，幼时被柔毛，后逐渐脱落。羽状三出复叶，托叶线形镰刀状；具叶柄；小叶倒卵形、宽卵形、倒披针形至线形。总状花序，30～70 小花，初时稠密，花开后渐疏松，花冠黄色。子房狭卵形。荚果卵球形，深棕色，先端具宿存花柱。种子 1 或 2，黄棕色，卵球形。

【原产地】 欧洲、中亚至高加索地区。

【传入途径】 有意引入。

【分布】 中国云南大部分中低海拔地区，中国大部分地区有引种或归化，全球亚热带和温带地区有引种或归化。

【生境】 山坡、河岸、路旁、农田、草地及林缘。

【物候】 花期 5—9 月，果期 6—10 月。

【风险评估】 Ⅲ级，局部入侵种；常与白花草木樨混生，在路边、荒地形成混合优势群落，对生态环境和农业生产造成一定影响。

草木樨

Melilotus officinalis (L.) Lam.

1. 常生于山坡、路旁、农田等，二年生草本，茎直立，总状花序；2. 羽状三出复叶，小叶倒卵形，边缘具不整齐疏浅齿；3. 托叶线形；4. 花开后渐疏松，花冠黄色，萼片淡黄色，具白毛

61. 光荚含羞草 *Mimosa bimucronata* (DC.) Kuntze

豆科 Leguminosae 含羞草属 *Mimosa*

【别名】 簕仔树、含羞草、含羞。

【识别特征】 落叶灌木，高 3～6 m。二回羽状复叶，羽片 6～7 对，长 2～6 cm，叶轴无刺，被短柔毛，小叶 12～16 对，线形，革质，先端具小尖头，除边缘疏具缘毛外，其余无毛，中脉略偏上缘。头状花序球形；花白色；花萼杯状，极小；花瓣长圆形，长约 2 mm，仅基部连合；雄蕊 8 枚。荚果带状，无刺毛，褐色，通常有 5～7 个荚节，成熟时荚节脱落而残留荚缘。

【原产地】 美洲热带地区。

【传入途径】 有意引入。

【分布】 中国云南的西双版纳、普洱、临沧、红河、玉溪等州市，中国华南、华中、华东、西南地区，东亚、东南亚、非洲南部、美洲热带和亚热带地区。

【生境】 果园、村边、路边、沟谷溪边或丘陵荒坡上。

【物候】 花期 3—10 月，果期 5—11 月。

【风险评估】 Ⅱ级，严重入侵种；生长迅速，植株高大粗壮，有尖刺，容易大面积扩散，人工和化学防除均费时费力，入侵性强，危害严重。

光荚含羞草

Mimosa bimucronata (DC.) Kuntze

1. 生于村边、路边、荒坡等，落叶灌木；2. 二回羽状复叶，叶轴无刺，头状花序呈总状，腋生，花白色；3. 荚果带状，无刺毛，通常有5～7个荚节

62. 巴西含羞草 *Mimosa diplotricha* C. Wright

豆科 Leguminosae   含羞草属 *Mimosa*

【别名】 含羞草、美洲含羞草。

【识别特征】 半灌木或多年生草本植物。茎攀缘或匍匐，具粗毛，有下弯的钩刺及倒生刺毛。偶数二回羽状复叶，叶柄和轴具 4 行下弯的皮刺，叶轴中部凹陷。头状花序 1 或 2，腋生，花两性，花萼不明显，花丝淡紫色或粉红色。荚果，稍弯曲，长圆形。种子黄棕色。

【原产地】 美洲热带地区。

【传入途径】 有意引入。

【分布】 中国云南南部、西南部，中国华东、华南、西南地区，东亚、东南亚、南亚、美洲、非洲中部、大洋洲。

【生境】 公园、路边、旷野、荒地。

【物候】 花期 3—10 月，果期 5—11 月。

【风险评估】 Ⅱ级，严重入侵种；生长和扩散迅速，形成大片密不透风的单一优势群落，清除困难；枝条有刺，植株有毒，危害人畜健康。

巴西含羞草

Mimosa diplotricha C. Wright

1. 常生于公园、路边、旷野、荒地等，半灌木或多年生草本植物；2. 茎具粗毛，具 4 行下弯的皮刺；3. 二回羽状复叶，羽片小且密，叶轴有下弯的钩刺及倒生刺毛

63. 无刺含羞草

Mimosa diplotricha var. *inermis* (Adelb.) Verdc.

豆科 Leguminosae   含羞草属 *Mimosa*

【别名】 无刺巴西含羞草。

【识别特征】 半灌木或多年生草本植物。茎攀缘或匍匐，无下弯的钩刺及倒生刺毛。偶数二回羽状复叶，小叶线状长圆形，两面被白色长柔毛。头状花序，腋生，花两性，花萼不明显，花常淡紫色。荚果，稍弯曲，长圆形，边缘及荚节上无刺毛。

【原产地】 美洲热带地区。

【传入途径】 有意引入。

【分布】 中国云南的西双版纳、德宏、普洱、红河、玉溪等州市，中国西南、华南、华东地区，全球亚热带、热带地区。

【生境】 灌丛、耕地、草地、公园、路边、平缓山坡和谷地。

【物候】 花期 3—10 月，果期 5—11 月。

【风险评估】 Ⅱ级，严重入侵种；生长迅速，常大面积发生于路边、荒地，影响生态环境，铲除困难；植株有毒，已报道多起牲畜误食中毒死亡事件。

无刺含羞草

Mimosa diplotricha var. *inermis* (Adelb.) Verdc.

1. 生于灌丛、耕地、草地等，半灌木或多年生草本植物，二回羽状复叶，羽片常 7～8 对小叶，小叶线形长圆形；2. 根系浅，有须根，根上常有根瘤；3. 与巴西含羞草相比，茎上无弯曲的钩刺，被疏长毛；4. 头状花序，花常淡紫色

64. 刺轴含羞草 *Mimosa pigra* L.

豆科 Leguminosae　　含羞草属 *Mimosa*

【别名】 大含羞草、含羞树。

【识别特征】 半灌木或灌木。茎直立，有下弯的钩刺及倒生刺毛。叶互生，羽状；羽片 5～15 对，线状至线状长圆形，先端锐尖，基部钝，边缘有刚毛，正面无毛，背面被细柔毛。头状花序，腋生。花萼不明显。花冠浅裂，花淡紫色。荚果，稍弯曲，带状。种子黄棕色，椭圆形。

【原产地】 美洲热带地区。

【传入途径】 有意引入。

【分布】 中国云南的西双版纳、德宏、普洱、玉溪等州市，中国西南、华南、华东地区，亚洲、非洲、美洲、大洋洲。

【生境】 河岸、海岸、森林、耕地、公园、路边、平缓山坡。

【物候】 花期 3—10 月，果期 5—11 月。

【风险评估】 Ⅲ级，局部入侵种；在中国因气候等因素限制分布范围不广，种群规模较小，危害程度轻。

刺轴含羞草

Mimosa pigra L.

1. 生于耕地、公园、路边、平缓山坡等，半灌木或灌木，茎上有下弯的钩刺及倒生刺毛，叶互生，羽状；2. 二回羽状复叶，叶轴上有明显的刺；3. 头状花序，花淡紫色；4. 荚果带状，密被锈色刺毛

65. 含羞草 *Mimosa pudica* L.

豆科 Leguminosae　　含羞草属 *Mimosa*

【别名】 感应草、知羞草、呼喝草。

【识别特征】 半灌木状蔓生草本。茎圆柱状，长可达 1 m，具分枝，有散生、下弯的钩刺及倒生刺毛。托叶披针形；羽片通常 2 对；小叶 10～20 对，线状长圆形，先端急尖，边缘具刚毛。头状花序圆球形；花小，淡红色，多数；苞片线形；花萼极小；花冠钟状，裂片 4，外面被短柔毛。荚果长圆形，扁平，稍弯曲，荚缘波状，具刺毛，成熟时荚节脱落，荚缘宿存；种子卵形。

【原产地】 美洲热带地区。

【传入途径】 有意引入。

【分布】 中国云南的西双版纳、德宏、普洱、保山、红河、玉溪等州市，中国华东、华南、华中、西南地区，全球热带和亚热带地区。

【生境】 山坡、丛林、路边、河边、公园、绿化带。

【物候】 花期 3—10 月，果期 5—11 月。

【风险评估】 Ⅱ级，严重入侵种；繁殖扩散快，易形成单一优势群落，侵占本土植物生存空间，植株有刺，易扎伤人畜，铲除困难；有毒，牲畜误食容易中毒。

含羞草

Mimosa pudica L.

1. 生于河边、山坡、路边、林缘等，半灌木状蔓生草本；2. 二回羽状复叶，羽片通常 2
对，小叶线状长圆形，边缘具刚毛；3. 头状花序圆球形，淡红色；4. 荚果长圆形，荚缘波
状，具长刺毛

66. 刺槐　*Robinia pseudoacacia* L.

豆科 Leguminosae　　刺槐属 Robinia

【别名】 洋槐、刺儿槐、槐花。

【识别特征】 落叶乔木，高 10～25 m；树皮灰褐色至黑褐色，浅裂至深纵裂，稀光滑。 小枝初被毛，后无毛，具托叶刺。羽状复叶长 10～25（40）cm；小叶 2～12 对，常对生，椭圆形、长椭圆形或卵形，先端圆。总状花序腋生，花多数，芳香；花冠白色，各瓣均具瓣柄，旗瓣近圆形，基部具黄绿色斑纹。荚果褐色，或具红褐色斑纹，线状长圆形，扁平，先端上弯，具尖头，果颈短，沿腹缝线具狭翅；花萼宿存。种子褐色至黑褐色。

【原产地】 美国东部。

【传入途径】 有意引入。

【分布】 中国云南各州市有栽培或归化，中国大部分省区市有栽培或归化，全球亚热带和温带地区有广泛栽培或归化。

【生境】 路边、山坡、公园、森林。

【物候】 花期 4—6 月，果期 8—9 月。

【风险评估】 Ⅳ级，一般入侵种；在山地林区常可见形成一定规模的优势群落，密集生长，对周边植物造成一定影响，但扩散范围有限，未见大规模扩散。

刺槐

Robinia pseudoacacia L.

1. 常生于公园、路边、山坡、林缘等，落叶乔木；2. 羽状复叶，小叶常对生，椭圆形，先端圆；3. 具托叶刺，长达 2 cm，小枝皮孔明显；4. 总状花序腋生，下垂，花多数，芳香，花冠白色

67. 翅荚决明 *Senna alata* (L.) Roxb.

豆科 Leguminosae   决明属 *Senna*

【别名】 翅果决明、有翅决明、翅荚槐。

【识别特征】 直立灌木，高 1.5～3 m；枝粗壮，绿色。叶长 30～60 cm，小叶 6～12 对，薄革质，倒卵状长圆形或长圆形，小叶柄极短或近无柄。花序顶生和腋生，花瓣黄色，有明显的紫色脉纹。荚果长带状，每一果瓣的中央顶部有直贯至基部的翅，翅纸质，具圆钝的齿；种子扁平，三角形。

【原产地】 美洲热带地区。

【传入途径】 有意引入。

【分布】 中国云南的西双版纳、普洱、红河等州市，中国华东、华南、西南地区，全球热带和亚热带地区。

【生境】 疏林、较干旱的山坡、路边、亭廊边或水岸边。

【物候】 花期 11—翌年 1 月；果期 12—翌年 2 月。

【风险评估】 Ⅳ级，一般入侵种；常归化于山坡、农田等区域，发生量小，危害程度轻，易于控制。

翅荚决明

Senna alata (L.) Roxb.

1. 直立灌木，枝粗壮，绿色，花序具长梗，二回羽状复叶，小叶倒卵状长圆形或长圆形，小叶柄极短或近无柄；2. 花序顶生总状，花瓣常被覆盖，黄色；3. 荚果长带状，具翅，翅革质，具圆钝的齿

68. 双荚决明 *Senna bicapsularis* (L.) Roxb.

豆科 Leguminosae　　决明属 *Senna*

【别名】 双荚槐、金边黄槐、双荚黄槐。

【识别特征】 直立灌木，多分枝，无毛。叶长 7～12 cm，有小叶 3～4 对；叶柄长 2.5～4 cm；小叶倒卵形或倒卵状长圆形，膜质。总状花序生于枝条顶端的叶腋间，常集成伞房花序状，长度约与叶相等，花鲜黄色。荚果圆柱状，膜质，直或微曲；种子 2 列。

【原产地】 美洲热带地区。

【传入途径】 有意引入。

【分布】 中国云南大部分中低海拔地区，中国华南、西南地区，东亚、东南亚、南亚、非洲、美洲。

【生境】 路边、干旱的山坡、田边、河边、公园。

【物候】 花期 11—翌年 1 月；果期 12—翌年 2 月。

【风险评估】 Ⅲ级，局部入侵种；在一些干旱山坡上常成片发生，形成优势群落，具有明显入侵性，但规模尚小，未见形成严重危害。

双荚决明

Senna bicapsularis (L.) Roxb.

1. 常生于路边、荒地、公园等，直立灌木；2. 二回羽状复叶，小叶 3～4 对，小叶倒卵形或倒卵状长圆形；3. 托叶呈弯刀状线形；4. 花瓣 5，鲜黄色，雄蕊 10（7 枚能育，3 枚退化而无花药），能育雄蕊中有 3 枚特大，长于花瓣，4 枚较小，短于花瓣

69. 毛荚决明

Senna hirsuta (L.) H. S. Irwin & Barneby

豆科 Leguminosae　　决明属 *Senna*

【别名】 决明子。

【识别特征】 灌木，高 0.6～2.5 m；嫩枝长满黄褐色长毛。叶有小叶 4～6 对，长 10～20 cm；叶柄与叶轴均被黄褐色长毛，小叶卵状长圆形或长圆状披针形，边全缘，两面均被长毛。花序生于枝条顶端的叶腋；总花梗和花梗均被长柔毛；萼片 5，密被长柔毛；花瓣无毛。荚果细长，扁平，表面密被长粗毛。

【原产地】 美洲热带地区。

【传入途径】 有意引入。

【分布】 中国云南的文山、红河、西双版纳、德宏等州市，中国华南、西南地区，全球热带和亚热带地区。

【生境】 林缘、房前屋后、路旁及村边。

【物候】 花期 11—翌年 1 月；果期 12—翌年 2 月。

【风险评估】 Ⅲ级，局部入侵种；见于人类活动频繁区域，对农田、生态景观有一定影响。

毛荚决明

Senna hirsuta (L.) H. S. Irwin & Barneby

1. 生于房前屋后、林缘、路旁及村边等，灌木，二回羽状复叶，小叶 4～6 对；2. 叶被黄褐色长毛，小叶卵状长圆形或长圆状披针形，边全缘；3. 果序生于枝条顶端的叶腋，荚果细长，被长粗毛

70. 望江南 *Senna occidentalis* (L.) Link

豆科 Leguminosae　　决明属 *Senna*

【别名】　黎茶、羊角豆、狗屎豆。

【识别特征】　半灌木或灌木，无毛，高 0.8～1.5 m。叶长约 20 cm；叶柄近基部有一大而带褐色、圆锥形的腺体；小叶 4～5 对，膜质，卵形至卵状披针形，顶端渐尖，有小缘毛；小叶柄长 1～1.5 mm，揉之有腐败气味；托叶膜质，卵状披针形，早落。伞房状总状花序，腋生和顶生，花瓣黄色。荚果带状镰形，褐色。

【原产地】　美洲热带地区。

【传入途径】　有意引入。

【分布】　中国云南中低海拔地区，中国华南、西南、东南地区，全球热带、亚热带地区。

【生境】　路边、山坡、河边、村庄附近、房前屋后、农田周边。

【物候】　花期 4—8 月，果期 6—10 月。

【风险评估】　Ⅲ级，局部入侵种；一般性杂草，种群数量不大，危害轻，容易控制，但种子有毒，应避免人畜误食。

望江南

Senna occidentalis (L.) Link

1. 生于河边、路边等，半灌木或灌木，茎直立；2. 花序生于叶腋；3. 花瓣黄色，卵形；
4. 幼苗；5. 茎有棱，叶柄近基部有大而带褐色、圆锥形的腺体 1 枚；6. 二回羽状复叶，小叶 4～5 对，卵状披针形，顶端渐尖；7. 雄蕊 7 枚发育，其中 3 枚较大，另有 3 枚不育；
8. 荚果带状镰形，种子多数

71. 决明 *Senna tora* (L.) Roxb.

豆科 Leguminosae　　决明属 *Senna*

【别名】 草决明、羊明、羊角。

【识别特征】 一年生半灌木状草本，高 1～2 m。叶长 4～8 cm；小叶 3 对，膜质，倒卵形或倒卵状长椭圆形，顶端圆钝而有小尖头，正面被稀疏柔毛，背面被柔毛。花腋生，通常 2 朵聚生；花瓣黄色，下面两片略长。荚果纤细，近四棱形，两端渐尖。种子菱形。

【原产地】 美洲热带地区。

【传入途径】 有意引入。

【分布】 中国云南大部分中低海拔地区，中国西南、华中、华东地区，全球热带、亚热带地区。

【生境】 路边、山坡草地、灌丛、河边沙地。

【物候】 花果期 8—11 月。

【风险评估】 Ⅲ级，局部入侵种；广泛生长于各类生境，未见形成大规模单一优势群落，发生量不大，易于控制。

决明

Senna tora (L.) Roxb.

1. 生于路边、山坡草地、河边沙地等，一年生半灌木状草本，小叶 3 对，倒卵形或倒卵状长椭圆形，顶端圆钝；2. 小叶被柔毛，花腋生，花瓣黄色；3. 荚果纤细，近四棱形，带状，两端渐尖

72. 刺田菁 *Sesbania bispinosa* (Jacq.) W. F. Wight

豆科 Leguminosae   田菁属 *Sesbania*

【别名】 多刺田菁。

【识别特征】 灌木状草本，高 1～3 m。圆柱形枝与叶轴及花序梗均疏生小皮刺。偶数羽状复叶；小叶 20～40 对，线状长圆形，先端钝圆，基部圆，两面密生紫褐色腺点，无毛。总状花序，具 2～6 小花。花冠黄色，花萼钟状，萼齿短三角形。荚果深褐色，种子圆柱状。

【原产地】 东南亚及南亚。

【传入途径】 无意中引入。

【分布】 中国云南的普洱、丽江、红河、文山等州市，中国西南、华南等地区，非洲、美洲、亚洲、大洋洲。

【生境】 农田、河边、路边、各类荒地。

【物候】 花果期 8—12 月。

【风险评估】 Ⅱ级，严重入侵种；常侵入农田、路边等生境，形成大面积单一优势群落，发生量大，铲除较困难。

刺田菁

Sesbania bispinosa (Jacq.) W. F. Wight

1. 常生于路边、荒地等，灌木状草本；2. 总状花序常生于叶腋，具2～6小花，花黄色；
3. 荚果幼时细长，种子多数

73. 田菁 *Sesbania cannabina* (Retz.) Poir.

豆科 Leguminosae 田菁属 *Sesbania*

【别名】 向天蜈蚣、碱青、铁青草。

【识别特征】 一年生半灌木状草本。茎绿色，有时带褐红色，微被白粉。偶数羽状复叶，有小叶 20～30 对，小叶线状长圆形，先端钝或平截（具小尖头），两面被紫褐色小腺点。总状花序，花梗纤细，下垂，花萼斜钟状，花冠黄色。荚果细长圆柱形，种子黑褐色。

【原产地】 澳大利亚至西南太平洋岛屿。

【传入途径】 有意引入。

【分布】 中国云南大部分中低海拔地区，中国华东、华中、华南、西南地区，全球热带和亚热带地区有广泛栽培或归化。

【生境】 路边、农田、荒地、河边、山坡。

【物候】 花果期 7—12 月。

【风险评估】 Ⅱ级，严重入侵种；常大面积发生于农田、荒地等，种群密度高，发生量大，挤占本土植物生存空间，防控有一定难度。

田菁

Sesbania cannabina (Retz.) Poir.

1. 常生于路边、林缘等，一年生半灌木状草本，茎褐红色；2、3. 偶数羽状复叶，有小叶 20～30 对，小叶线状长圆形，先端钝或平截，具小尖头

74. 酸豆 *Tamarindus indica* L.

豆科 Leguminosae   酸豆属 *Tamarindus*

【别名】 罗望子、酸角、酸子。

【识别特征】 乔木；树皮暗灰色，不规则纵裂。小叶小，长圆形，先端圆钝或微凹，基部圆而偏斜，无毛。花黄色或杂以紫红色条纹，少数；总花梗和花梗被黄绿色短柔毛；花瓣倒卵形，与萼裂片近等长，边缘波状。荚果圆柱状长圆形，种子褐色有光泽。

【原产地】 非洲。

【传入途径】 有意引入。

【分布】 中国云南中低海拔地区常有栽培（低海拔地区有逸野），中国西南、华南、华东地区，全球热带和亚热带地区有广泛引种。

【生境】 低海拔山地路旁、山谷疏林、空旷地、田野沟边。

【物候】 花期5—8月，果期12—翌年5月。

【风险评估】 Ⅳ级，一般入侵种；优良的资源植物，常见归化于热带地区和干热河谷，未见大面积扩散，也未见对环境造成明显影响。

酸豆

Tamarindus indica L.

1. 乔木，常种植于房前屋后，在路边、荒地有逸野；2. 二回羽状复叶，小叶长圆形，先端圆钝，无毛；3. 檐部 4 裂，裂片披针状长圆形，花后反折，花瓣有紫红色条纹；4. 荚果圆柱状长圆形，常不规则缢缩

75. 白灰毛豆 *Tephrosia candida* DC.

豆科 Leguminosae　　灰毛豆属 *Tephrosia*

【别名】　短萼灰叶、山毛豆。

【识别特征】　灌木状草本。茎木质化，具纵棱，与叶轴同被灰白色茸毛。羽状复叶长 15～25 cm；小叶 8～12 对，长圆形。总状花序顶生或侧生，疏散多花；花萼阔钟状，密被茸毛；花冠白色、淡黄色或浅粉红色，旗瓣外面密被白色绢毛，翼瓣和龙骨瓣无毛。荚果线形，密被褐色长短混杂细绒毛；种子榄绿色，具花斑，平滑，椭圆形。

【原产地】　印度。

【传入途径】　有意引入。

【分布】　中国云南的德宏、普洱、西双版纳、临沧、红河等州市，中国西南、华南地区有种植或逸生，亚洲、非洲、美洲及大洋洲的热带和亚热带地区。

【生境】　旷野、山石边、林缘、公路、铁路边。

【物候】　花期 10—11 月，果期 12 月。

【风险评估】　Ⅲ级，局部入侵种；通常发生量不大，有时可见一定范围内形成单一优势群落，但总体可以防控。

白灰毛豆

Tephrosia candida DC.

1. 生于旷野、山石边、林缘等，灌木状草本；2. 总状花序顶生，疏散多花；3. 花冠白色，旗瓣近圆形，翼瓣与龙骨瓣均短于旗瓣；4. 荚果线形，密被褐色长短混杂细绒毛

76. 红车轴草 *Trifolium pratense* L.

豆科 Leguminosae　　车轴草属 *Trifolium*

【别名】 红三叶、红荷兰翘摇。

【识别特征】 多年生草本。茎粗壮，具纵棱，直立或平卧上升，疏生柔毛或秃净。掌状三出复叶；叶柄较长，茎上部的叶柄短，被伸展毛或秃净；小叶卵状椭圆形至倒卵形，先端钝，两面疏生褐色长柔毛，叶面上常有 "V" 字形白斑。花序球状或卵状，顶生；无总花梗或具甚短总花梗，包于顶生叶的托叶内，托叶扩展成焰苞状，具花 30～70 朵，密集；花冠紫红色至淡红色。荚果卵形。

【原产地】 欧洲中部。

【传入途径】 有意引入。

【分布】 中国云南的昆明、曲靖、昭通、玉溪、大理等州市，中国东北、西南、华北、华中、华东、华南地区，全球温带和亚热带地区有广泛引种。

【生境】 路边、农田、牧场、水沟边、草地、山坡。

【物候】 花果期 5—9 月。

【风险评估】 Ⅲ级，局部入侵种；常小片生于道路两旁、水沟边及荒草丛，发生量通常不大，未见形成大规模优势群落。

红车轴草

Trifolium pratense L.

1. 生于路边、农田等，多年生草本；2、3. 掌状三出复叶，小叶卵状椭圆形，先端钝，疏生柔毛，叶面上常有"V"字形白斑；4. 幼苗；5. 茎粗壮，具纵棱，生柔毛；6. 花序球状或卵状，顶生，花冠紫红色至淡红色，无总花梗或具甚短总花梗，包于顶生叶的托叶内

77. 白车轴草 *Trifolium repens* L.

豆科 Leguminosae   车轴草属 *Trifolium*

【别名】 三叶草、四叶草、幸运草、白三叶、荷兰翘摇。

【识别特征】 多年生草本，高 10～30 cm。主根短，侧根和须根发达。茎匍匐蔓生，全株无毛。掌状三出复叶；叶柄长 10～30 cm；小叶倒卵形至近圆形，先端凹头至钝圆。花多数，密集成近头状或球状的花序；花冠白色、乳黄色或淡红色，具香气。荚果长圆形；种子通常 3 粒，阔卵形。

【原产地】 欧洲、北非、中亚至西伯利亚。

【传入途径】 有意引入。

【分布】 中国云南大部分州市有栽培（常逸野），中国大部分省区市有栽培和逸野，亚洲、欧洲、非洲、大洋洲、美洲。

【生境】 湿润草地、河岸、路边、绿化带、公园、山坡、荒地、农田。

【物候】 花果期 5—10 月。

【风险评估】 Ⅱ级，严重入侵种；入侵农田、草地，形成一定范围的单一优势群落，挤占本地植物生存空间。

白车轴草

Trifolium repens L.

1. 生于荒地、路边、农田等，多年生草本，茎匍匐蔓生；2. 掌状三出复叶，小叶倒卵形，先端凹头至钝圆，叶中部有白色弧形带；3. 偶有掌状四出复叶；4. 花多数，密集成近头状或球状的花序，花冠白色、淡红色

78. 金合欢 *Vachellia farnesiana* (L.) Wight & Arn.

豆科 Leguminosae   金合欢属 *Vachellia*

【别名】 鸭皂树、刺球花。

【识别特征】 灌木或小乔木，多分枝，具针刺状托叶。二回羽状复叶，叶轴具沟槽，被灰白色柔毛；羽片线状长圆形，无毛。头状花序 1 或 2～3 个簇生于叶腋，总花梗被毛，花黄色，花萼 5 齿裂，花瓣连合成管状，5 齿裂。荚果膨胀，近圆柱状。种子卵形。

【原产地】 美洲热带地区。

【传入途径】 有意引入。

【分布】 中国云南大部分州市，中国华东、华南、华中、西南地区，全球热带、亚热带地区。

【生境】 路边、山坡、荒地、房前屋后、公园、河边等地。

【物候】 花期 3—6 月，果期 7—11 月。

【风险评估】 Ⅱ级，严重入侵种；通常生长于路边、山坡等地，对生态环境和农业生产造成影响，因具棘刺，铲除相对困难。

金合欢

Vachellia farnesiana (L.) Wight & Arn.

1. 常生于河谷、山坡、荒地等，灌木或小乔木，多分枝；2. 托叶针刺状，二回羽状复叶，羽片线状长圆形；3. 荚果膨胀，近圆柱状；4. 头状花序 1 或 2～3 个簇生于叶腋，总花梗被毛，花黄色；5. 成熟荚果褐色；6. 种子多颗，卵形，褐色

79. 长柔毛野豌豆 *Vicia villosa* Roth

豆科 Leguminosae　　野豌豆属 *Vicia*

【别名】 毛叶苕子、毛苕子、柔毛苕子。

【识别特征】 一年生草本，攀缘或蔓生。植株被长柔毛，茎柔软，有棱，多分枝。偶数羽状复叶，叶轴顶端卷须有 2～3 分支；小叶通常 5～10 对，叶脉不甚明显。总状花序腋生，花冠紫色、淡紫色或紫蓝色，翼瓣短于旗瓣，龙骨瓣短于翼瓣。荚果长圆状菱形，种子球形。

【原产地】 欧洲、西亚至中亚。

【传入途径】 有意引入。

【分布】 中国云南大部分地区，中国东北、华北、西北、西南、华中、华东、华南地区，全球亚热带和温带地区有广泛引种或归化。

【生境】 草地、草原、灌木丛、森林、房前屋后、路边、平缓山坡和谷地。

【物候】 花果期 5—10 月。

【风险评估】 Ⅲ级，局部入侵种；常形成一定范围的优势群落，侵入农田、绿化带等区域，影响农田植物生长，破坏景观。

长柔毛野豌豆

Vicia villosa Roth

1. 生于路边、农田、荒地等，一年生草本，攀缘或蔓生，植株被长柔毛；2. 偶数羽状复叶，叶轴顶端有卷须，2～3分支；3. 托叶2深裂，具长柔毛；4. 蝶形花冠组成总状，花瓣顶端蓝色或淡紫色，下部紫色

80. 大麻 *Cannabis sativa* L.

大麻科 Cannabaceae　　大麻属 *Cannabis*

【别名】 火麻、野麻、胡麻、线麻、山丝苗、汉麻、麻子。

【识别特征】 一年生直立草本，枝具纵沟槽，密生灰白色贴伏毛。叶掌状全裂，裂片披针形或线状披针形，先端渐尖，基部狭楔形，边缘具向内弯的粗锯齿。花黄绿色，膜质，外面被细伏贴毛；小花柄长约 2～4 mm。瘦果为宿存黄褐色苞片所包，表面具细网纹。

【原产地】 南亚、中亚至中国新疆。

【传入途径】 有意引入。

【分布】 中国云南各州市有栽培或归化，中国大部分省区市有栽培或逸野，亚洲、非洲、欧洲、大洋洲、美洲。

【生境】 农田、山坡、路边、荒地、林下及水边高地。

【物候】 花期 5—6 月，果期 7 月。

【风险评估】 Ⅳ级，一般入侵种；通常在各类生境逸生，零星或小片状出现，未见大面积发生。

大麻

Cannabis sativa L.

1. 常生于路边、荒地等，一年生直立草本；2. 叶掌状全裂，裂片披针形或线状披针形，先端渐尖，边缘具向内弯的粗锯齿；3. 花序腋生；4. 雄花黄绿色，花被 5，膜质，外面被细伏贴毛，雄蕊 5，花丝极短，花药长圆形

81. 小叶冷水花 *Pilea microphylla* (L.) Liebm.

荨麻科 Urticaceae   冷水花属 *Pilea*

【别名】 透明草、小叶冷水麻、礼花草。

【识别特征】 纤细小草本，无毛，铺散或直立。茎肉质，多分枝。叶很小，倒卵形至匙形，先端钝，基部楔形或渐狭，边缘全缘。雌雄同株，有时同序，聚伞花序密集成近头状。雄花具梗，花被片 4；雌花更小，花被片 3。瘦果卵形，光滑。

【原产地】 美洲热带地区。

【传入途径】 有意引入。

【分布】 中国云南各州市均有发现，中国华南、西南等地区，全球热带、亚热带甚至温带地区均有归化。

【生境】 路边、溪边和石缝等潮湿环境。

【物候】 花期 6—8 月，果期 9—10 月。

【风险评估】 Ⅱ级，严重入侵种；植株矮小，但种群密度高，常侵入农田、花坛等区域大量繁殖，影响栽培植物正常生长和环境景观。

小叶冷水花

Pilea microphylla (L.) Liebm.

1. 生于路边、溪边和石缝等潮湿环境，纤细小草本，无毛，铺散或直立；2. 茎肉质，多分枝，叶小，倒卵形至匙形，先端钝，基部楔形或渐狭，边缘全缘；3. 聚伞花序密集成近头状

82. 刺果瓜 *Sicyos angulatus* L.

葫芦科 Cucurbitaceae　　　刺果瓜属 *Sicyos*

【别名】 刺瓜藤、刺果藤。

【识别特征】 一年生大型藤本。茎细长，密被白色柔毛，茎节处生卷须。叶片薄纸质，叶基深心形，叶缘具五角或3～5浅裂，两面微粗糙，被短柔毛；叶柄密被白色柔毛。花雌雄同株，雄花排列成总状花序或头状聚伞花序，雌花排列成具长梗的头状花序。果实3～20个簇生，内含种子1粒，种子椭圆形或近圆形，扁平，灰褐色或灰黑色。

【原产地】 北美洲。

【传入途径】 无意中引入。

【分布】 中国云南的中部，中国东北、华北、华东、华南、西南等地区，东亚、南亚、欧洲、北美洲。

【生境】 低矮林间、悬崖底部、低地、田间、灌木丛、铁路旁、荒地。

【物候】 花期5—10月，果期6—11月。

【风险评估】 Ⅲ级，局部入侵种；多发生于路旁、荒山和林间，攀缘于其他植物上，成片发生，对生态环境造成影响。

刺果瓜

Sicyos angulatus L.

1. 常生于田间、荒地等，一年生藤本，茎细长，密被白色柔毛，叶面微粗糙，被短柔毛；
2. 茎节处生卷须，密被白色柔毛；3. 雄花排列成头状聚伞花序，花 5 裂，裂片三角形，浅
黄绿色，具浅绿色脉；4. 果实卵形或卵状长圆形，其上密被白色柔毛，疏生细长刺

83. 关节酢浆草 *Oxalis articulata* Savigny

酢浆草科 Oxalidaceae   酢浆草属 *Oxalis*

【别名】 紫心酢浆草。

【识别特征】 多年生草本。鳞茎长圆形，有关节。叶基生，掌状小叶，小叶心形，顶端凹，基部楔形，全缘，被短绒毛。伞形花序，花萼 5，绿色；花瓣 5，红色或深红色，喉部紫红色。蒴果长圆柱形。

【原产地】 南美洲中部。

【传入途径】 有意引入。

【分布】 中国云南各州市，中国华北、华东、华中、西南等地区，东亚、中亚、地中海地区、欧洲、非洲北部、美洲。

【生境】 农田、路边、荒地、花坛。

【物候】 花果期 2—9 月。

【风险评估】 Ⅲ级，局部入侵种；常侵入农田、花坛等区域，具有化感作用，影响周围植物生长，与农作物争夺生存空间，总体危害范围不大，但地下块茎难以清除，地上部分铲除后容易再生。

关节酢浆草

Oxalis articulata Savigny

1. 多年生草本，丛生，叶基生，掌状小叶，小叶心形，顶端凹，基部楔形，全缘；2. 叶背被短绒毛；3. 花瓣 5，紫红色，喉部紫色，内有紫红色条纹；4. 萼片及花梗上被短绒毛

84. 红花酢浆草 *Oxalis debilis* kunth

酢浆草科 Oxalidaceae　　酢浆草属 *Oxalis*

【别名】 多花酢浆草、紫花酢浆草、南天七、地花生。

【识别特征】 多年生草本。无地上茎，地下具球状鳞茎。叶基生，叶柄长 5～30 cm，散生柔毛；掌状 3 小叶，小叶片圆状心形，顶端凹，基部楔形，全缘，被短绒毛。伞形花序，花瓣 5，淡紫色至紫红色，向下颜色渐淡，喉部淡绿色。蒴果长圆柱形。

【原产地】 美洲热带地区。

【传入途径】 有意引入。

【分布】 中国云南各州市均有发现，中国大部分地区有栽培或逸野，东亚、东南亚、南亚、中亚、欧洲大部分地区、北美洲以及非洲的北部、东部和东南部。

【生境】 农田、路边、荒野、花坛等地。

【物候】 花果期 2—9 月。

【风险评估】 Ⅱ级，严重入侵种；适应性广、生命力强，容易在侵入区域暴发性发生，且具有化感作用，对农作物和园林绿化植物具有严重影响，具地下块根，很难彻底清除。

红花酢浆草

Oxalis debilis kunth

1. 生于农田、路边、荒野等，多年生草本，指状复叶具 3 小叶，小叶心形，顶端凹，基部楔形，全缘，叶柄较长；2、3.伞形花序，花瓣 5，具紫红色条纹，喉部淡绿色

85. 宽叶酢浆草 *Oxalis latifolia* Kunth

酢浆草科 Oxalidaceae   酢浆草属 *Oxalis*

【别名】 多花酢浆草、紫花酢浆草、南天七。

【识别特征】 多年生草本，地下具块茎。叶基生；托叶阔卵形，被柔毛或无毛，与叶柄茎部合生，通常有 3 小叶，倒心形，先端凹陷，两侧角钝圆，基部楔形，全缘，被短绒毛。伞形花序，花萼 5，绿色；花瓣粉红色，内有绿色条纹。蒴果长圆柱形。

【原产地】 美洲热带和亚热带地区。

【传入途径】 无意中引入。

【分布】 中国云南的昆明、大理、怒江等州市，中国西南、华南等地区，亚洲、欧洲西部、非洲大部分地区、美洲。

【生境】 农田、景观绿地以及园林地带。

【物候】 花果期 2—9 月。

【风险评估】 Ⅲ级，局部入侵种；植物检疫性有害生物，对农田和园艺苗圃均能造成较严重危害，影响农作物生长和园艺苗木质量。

宽叶酢浆草

Oxalis latifolia Kunth

1. 多年生草本，通常有 3 小叶，形似三角形，先端凹，两侧角钝圆，全缘，伞形花序顶
生；2. 生于农田、景观绿地以及园林地带；3. 伞状花序顶生，花萼 5，绿色；4. 花冠淡紫
色，喉部浅绿色

86. 鸡蛋果 *Passiflora edulis* Sims

西番莲科 Passifloraceae   西番莲属 *Passiflora*

【别名】 百香果、紫果西番莲、洋石榴。

【识别特征】 草质藤本；茎圆柱形，全株无毛。叶纸质，黄绿色，掌状 3 深裂，叶柄近顶端有 2 个杯状腺体，无毛。聚伞花序退化仅存 1 花；花白色，苞片绿色，阔卵形或菱形，边缘有不规则细锯齿，萼片 5 枚，外副花冠 4～5 轮，外 2 轮丝状，基部淡绿色，中部白紫色，顶部白色，内 3 轮窄三角形；内花冠褶状。果卵形，熟时紫色。

【原产地】 巴西、阿根廷。

【传入途径】 有意引入。

【分布】 中国云南东南部、南部和西南部，中国西南、华南、华东地区，全球热带和亚热带地区有广泛栽培或归化。

【生境】 农田、路边、庭院、围墙边、河边、山谷、丛林。

【物候】 花期 4—6 月，果期 6—10 月。

【风险评估】 Ⅳ级，一般入侵种；栽培为主，可见逸生于自然环境中，攀缘于本土植物上，与本土植物争夺生存空间。

鸡蛋果

Passiflora edulis Sims

1. 常生于路边、山坡等，草质藤本；2. 叶片纸质，掌状，3 深裂；3. 聚伞花序通常退化仅存 1 花，花大，花被 5 数，花萼长于花瓣，外副花冠裂片 4～5 轮，外 2 轮裂片丝状，约与花瓣近等长，基部淡绿色，中部紫色，顶部白色，内 3 轮裂片窄三角形；4. 苞片绿色，菱形，边缘有不规则细锯齿，子房上位，具雌雄蕊柱；5. 雄蕊 5 枚，花丝分离，基部合生，花药长圆形，淡黄绿色；6. 果卵形至近圆形

87. 龙珠果 *Passiflora foetida* L.

西番莲科 Passifloraceae 西番莲属 *Passiflora*

【别名】 龙眼果、假苦果、龙须果、香花果。

【识别特征】 草质藤本，有臭气，茎被平展柔毛。叶膜质，3 浅裂，叶正面被丝状伏毛并混生少许腺毛，叶背被毛；托叶半抱茎，深裂。聚伞花序退化仅存 1 花，花白色或淡紫色；苞片一至三回羽状分裂为许多丝状小裂片；副花冠裂片 3～5 轮，丝状，内花冠非褶状。果卵圆形，无毛。

【原产地】 美洲热带地区。

【传入途径】 有意引入。

【分布】 中国云南南部（红河、文山、西双版纳、普洱）及西南部（临沧、德宏、保山）的一些州市，中国华东、华南、华北、西南、西北地区，全球热带和亚热带地区。

【生境】 草坡、路边、河边、平缓山坡。

【物候】 花期 7—8 月，果期翌年 4—5 月。

【风险评估】 Ⅱ级，严重入侵种；常形成单一优势群落，危害本地植物，破坏生态平衡。

龙珠果

Passiflora foetida L.

1. 常生于路边、林间等，草质藤本，茎被平展柔毛；2. 叶膜质，宽卵形至长圆状卵形，3
浅裂；3. 聚伞花序退化仅存 1 花，花白色，副花冠裂片 3～5 轮，丝状；4. 苞片一至三回
羽状分裂，裂片丝状；5. 果卵圆形，无毛，被苞片包裹；6. 种子多数，椭圆形，草黄色

88. 桑叶西番莲 *Passiflora morifolia* Mast.

西番莲科 Passifloraceae　　西番莲属 *Passiflora*

【别名】 不详。

【识别特征】 多年生攀缘藤本。茎淡黄色，微四棱，被短柔毛。叶草质，掌状 3 浅裂，裂片尖锐，中间裂片卵形，基部心形，具短硬毛。花序单生于卷须和叶柄之间；萼片 5，花瓣状，淡绿色，花瓣 5，淡白色，副花冠裂片丝状，顶端白色，基部紫色。浆果近圆球形。

【原产地】 中南美洲。

【传入途径】 无意中引入。

【分布】 中国云南的普洱、西双版纳等州市，中国云南，（除原产地有分布外）亚洲、欧洲、非洲、大洋洲均有归化。

【生境】 河岸、林缘、灌丛。

【物候】 花果期 7—9 月。

【风险评估】 Ⅳ级，一般入侵种；常形成单一优势群落，影响生物多样性，但总体发生范围不大。

桑叶西番莲

Passiflora morifolia Mast.

1. 生于林缘、灌丛等，多年生攀缘藤本；2. 叶草质，掌状 3 浅裂，基部心形；3. 萼片 5，花瓣状，淡绿色，且底部被柔毛；4、5. 花直径 2～3 cm，萼片花瓣状，绿白色，花瓣短于花萼，白色，副花冠裂片丝状，基部紫色，顶端白色，具雌雄蕊柄，雄蕊 5，花柱 3，柱头头状；6. 上位子房，浆果幼时绿色，近球形；7. 果实成熟时紫黑色，被短刺毛和白霜；8. 果实内含种子多数，种子外被橘色假种皮

89. 火殃簕 *Euphorbia antiquorum* L.

大戟科 Euphorbiaceae   大戟属 *Euphorbia*

【别名】 霸王鞭、金刚纂、金刚树、龙骨树、火殃勒。

【识别特征】 肉质灌木状小乔木，乳汁丰富。茎常三棱状，偶有四棱状并存；棱脊3条，薄而隆起，边缘具明显的三角状齿。叶互生于齿尖，常生于嫩枝顶部，倒卵形；托叶刺状，宿存。杯状聚伞花序近顶生，单生，花序梗长约2～3 mm，总苞宽钟状，裂片5，圆形，具细牙齿，腺体5，雄花多数，雌花1枚，常伸出总苞外。蒴果。

【原产地】 印度。

【传入途径】 有意引入。

【分布】 中国云南大部分地区有栽培（偶有逸生），中国南北方均有栽培或逸生，亚洲热带至温带地区。

【生境】 路边、庭院、果园、菜园、干旱的山坡或河谷。

【物候】 花果期全年。

【风险评估】 Ⅲ级，局部入侵种；汁液有毒，在归化地区植株数量不多，多发生于干旱的山地，发生范围不大。

火殃簕

Euphorbia antiquorum L.

1. 肉质灌木状小乔木，杯状聚伞花序近顶生；2. 叶互生于齿尖，常生于嫩枝顶部，倒卵形；3. 托叶生于棱背，刺状，宿存；4. 蒴果三棱状，平滑、灰褐色

90. 猩猩草 *Euphorbia cyathophora* Murray

大戟科 Euphorbiaceae　　大戟属 *Euphorbia*

【别名】 草一品红、叶上花。

【识别特征】 一年生或多年生草本。叶互生，卵形，边缘波状分裂或具波状齿，或有时全缘，无毛。数个杯状聚伞花序排列于分枝顶端，总苞叶与茎生叶同形，苞叶红色或仅基部红色。杯状聚伞花序，总苞钟状，绿色，边缘 5 裂，腺体常 1 枚，偶 2 枚。雄花多枚，常伸出总苞之外；雌花 1 枚，子房柄明显伸出总苞处。蒴果三棱状球形。

【原产地】 美洲热带。

【传入途径】 有意引入。

【分布】 中国云南中低海拔地区，中国华东、华南、华中、西南地区，欧洲、亚洲、非洲。

【生境】 荒野、耕地、公园、房前屋后、路边、干热河谷。

【物候】 花果期 5—11 月。

【风险评估】 Ⅲ级，局部入侵种；一般性杂草，种群范围不大，容易铲除，但扩散速度快，应引起重视。

猩猩草

Euphorbia cyathophora Murray

1. 生于路边、河谷地带等，一年生或多年生草本，丛生，茎直立、分枝，叶互生，叶片卵形至卵状椭圆形，边缘常常波状分裂；2. 数个杯状聚伞花序聚生于分枝顶端，总苞叶与茎生叶同形，苞叶红色或仅基部红色；3、4. 杯状聚伞花序无柄或具短柄，总苞钟状，边缘 5 裂，常具腺体 1 枚，扁杯状，黄绿色，雄花多数，雌花子房三棱状球形，伸出总苞外，光滑无毛

91. 白苞猩猩草 *Euphorbia heterophylla* L.

大戟科 Euphorbiaceae   大戟属 *Euphorbia*

【别名】 台湾大戟、柳叶大戟。

【识别特征】 多年生草本。茎直立，被柔毛。叶互生，卵形至披针形，先端尖或渐尖，基部钝至圆，边缘具锯齿或全缘，两面被柔毛。杯状聚伞花序，总苞钟状，边缘 5 裂。雄花多枚；苞片线形至倒披针形；雌花 1 枚，子房柄不伸出总苞外。蒴果卵球状。

【原产地】 美洲。

【传入途径】 无意中引入。

【分布】 中国云南中低海拔地区广布，中国南部地区，全球热带、亚热带至温带地区。

【生境】 农田、路边、荒野、房前屋后、水沟边。

【物候】 花果期 8—10 月。

【风险评估】 Ⅱ级，严重入侵种；扩散迅速，易在农田大面积滋生，造成农作物严重减产甚至绝收，防控困难。

白苞猩猩草

Euphorbia heterophylla L.

1. 常生于农田、路边、荒野、房前屋后等，多年生草本；2、3. 叶卵形至披针形，先端渐尖，基部钝至圆，边缘具锯齿或全缘，两面被柔毛；4. 雄花多枚，雄蕊淡黄色，雌花花柱3，柱头2裂，腺体球形，琥珀色，蒴果三棱状卵球形

92. 飞扬草 *Euphorbia hirta* L.

大戟科 Euphorbiaceae　　　大戟属 *Euphorbia*

【别名】 飞相草、乳籽草、大飞扬。

【识别特征】 一年生草本。茎单一，被粗硬毛。叶对生，披针状长圆形、长椭圆状卵形或卵状披针形，两面均具柔毛。花序密集成头状，腋生；总苞钟状，具柔毛；腺体 4 枚，近杯状；雄花数枚，达总苞边缘；雌花 1 枚，具短梗，伸出总苞之外。蒴果三棱状。

【原产地】 美洲热带地区。

【传入途径】 无意中引入。

【分布】 中国云南中低海拔地区广布，中国华东、华南、华中、西南地区，全球热带和亚热带地区。

【生境】 农田、路边、水沟边、荒野。

【物候】 花果期 8—10 月。

【风险评估】 Ⅱ级，严重入侵种；常见杂草，植株有毒，是某些农作物害虫的宿主植物，部分地区发生面积大，防控成本相对高。

飞扬草

Euphorbia hirta L.

1. 常生于农田、路边、荒地等，一年生草本；茎很少分枝；2、3. 叶对生，长椭圆状卵形，两面均具柔毛；4. 花序腋生，密集成头状，蒴果三棱状，被短柔毛，成熟时分裂为 3 个分果爿

93. 通奶草 *Euphorbia hypericifolia* L.

大戟科 Euphorbiaceae   大戟属 *Euphorbia*

【别名】 小飞扬草、南亚大戟。

【识别特征】 一年生草本。茎直立，自基部分枝或不分枝。叶对生，狭长圆形或倒卵形，先端钝或圆，基部圆形，边缘全缘或基部以上具细锯齿。苞叶 2 枚，与茎生叶同形。花序数个簇生于叶腋或枝顶，每个花序基部具纤细的柄。花柱 3，分离。蒴果三棱状。

【原产地】 美洲。

【传入途径】 无意中引入。

【分布】 中国云南南部和一些河谷地带，中国华东、华南、华中、华北、西南地区，全球热带和亚热带地区。

【生境】 旷野荒地、路旁、灌丛及田间。

【物候】 花果期 8—12 月。

【风险评估】 Ⅲ级，局部入侵种；一般性杂草，种群密度低，危害轻，容易防除。

通奶草

Euphorbia hypericifolia L.

1. 一年生草本，茎常紫色，直立，上部常分枝，花序数个簇生于叶腋或枝顶；2. 叶对生，狭长圆形或倒卵形，先端钝或圆，基部偏斜，边缘全缘或基部以上具细锯齿；3. 苞叶 2 枚，与茎生叶同形，花序基部具纤细的柄，花柱 3，分离，腺体 4，边缘具白色或淡粉色附属物，蒴果三棱状

94. 斑地锦　*Euphorbia maculata* L.

大戟科 Euphorbiaceae　　大戟属 *Euphorbia*

【别名】 美洲地锦。

【识别特征】 一年生草本；茎匍匐，被白色疏柔毛。叶对生，长椭圆形至肾状长圆形，中部常具有一个长圆形的紫色斑点；托叶钻状。花序单生于叶腋，基部具短柄；总苞狭杯状，外部具白色疏柔毛。雄花4～5，微伸出总苞外；雌花1，子房柄伸出总苞外。蒴果三角状卵形，种子卵状四棱形。

【原产地】 北美洲。

【传入途径】 无意中引入。

【分布】 中国云南的昆明、红河等州市，中国华北、华中、华东、西南地区，全球亚热带和温带地区。

【生境】 路边、草地、农田、草坪等地。

【物候】 花果期8—10月。

【风险评估】 Ⅲ级，局部入侵种；旱地常见杂草，常形成小规模单一优势群落，防控难度低。

斑地锦

Euphorbia maculata L.

1. 生于路边、草地、农田、草坪等，一年生草本，匍匐生长；2. 茎上具柔毛，叶先端钝，基部偏斜，不对称，叶面绿色，中部常具有一个长圆形的紫色斑点；3. 茎叶折断处有乳汁溢出；4. 总状花序单生于叶腋，蒴果三角状卵形，被稀疏柔毛，成熟时易分裂为 3 个分果爿

95. 巴尔干大戟 *Euphorbia oblongata* Griseb.

大戟科 Euphorbiaceae   大戟属 *Euphorbia*

【别名】 高山积雪。

【识别特征】 多年生直立草本，主根木质化。茎单一或数个丛生，圆柱状，常密被白色长柔毛；单叶互生，叶表面光滑，无叶柄，叶片狭长圆形到披针形。花序聚伞状顶生，伞幅3～5；总苞片常5枚，与叶同形，杯状聚伞花序生于分枝顶端。蒴果三棱状球形，果皮密被疣点，柱头稍开裂；种子卵球形。

【原产地】 欧洲南部和西亚。

【传入途径】 无意中引入。

【分布】 中国云南的昆明（呈贡）有发现，中国广西、云南等地，全球亚热带和温带地区。

【生境】 农田、工地、路边、荒地、林圃。

【物候】 花果期4—6月。

【风险评估】 Ⅲ级，局部入侵种；植株有毒，多侵入农田及建筑工地，种群扩散较快，有较大的入侵风险。

巴尔干大戟

Euphorbia oblongata Griseb.

1. 生境，常见于农田、路边、荒地等，多年生直立草本；2、3. 叶表面光滑，无柄，叶片狭长圆形到披针形；4. 花序聚伞状顶生，伞幅3～5，总花序轴上密被长柔毛；5. 花苞基部密被白色长柔毛，杯状聚伞花序具柄，淡黄色，雄花多数，伸出总苞外；6. 果序聚伞状；7. 蒴果三棱状球形，果皮外密被疣点，柱头稍开裂

96. 南欧大戟 *Euphorbia peplus* L.

大戟科 Euphorbiaceae　　大戟属 *Euphorbia*

【别名】 癣草。

【识别特征】 一年生草本；根纤细，下部多分枝。茎单一或自基部多分枝，斜向上开展，叶互生，倒卵形至匙形，常无毛。总花序顶生，二歧分枝，总苞叶 3～4 枚，与茎生叶同形或相似。杯状聚伞花序，基部近无柄，总苞杯状，腺体 4，新月形，蒴果三棱状球形，无毛；种子卵棱状。

【原产地】 欧洲、非洲北部至西亚。

【传入途径】 无意中引入。

【分布】 中国云南中低海拔地区广布，中国西南、华南、华东、华中地区，亚洲、非洲、美洲、澳大利亚、欧洲。

【生境】 农田、路边、庭院、房前屋后、山间荒野。

【物候】 花果期 2—10 月。

【风险评估】 Ⅰ级，恶性入侵种；通常大面积发生于农田、路边、花坛等地，影响农作物产量和生态景观，种子发芽率高，种群更新迅速，防控成本相对高，难以根除。

南欧大戟

Euphorbia peplus L.

1. 生境，常生于路边、农田、庭院、房前屋后、山间、荒野等，一年生草本；2. 单一植株，矮小；3. 总苞片与叶同形或近同形，杯状聚伞花序小，淡绿色；4. 蒴果三棱状球形，棱上凸起处有白点，无毛

97. 匍匐大戟 *Euphorbia prostrata* Aiton

大戟科 Euphorbiaceae　　大戟属 *Euphorbia*

【别名】 铺地草。

【识别特征】 一年生草本。茎匍匐状，自基部多分枝，通常呈淡红色或红色，少绿色或淡黄绿色，无毛或被少许柔毛。叶对生，椭圆形至倒卵形；正面绿色，背面有时略呈淡红色或红色。花序常生于叶腋，少为数个簇生于小枝顶端，总苞陀螺状，具极窄的白色附属物。蒴果三棱状，种子卵状四棱形。

【原产地】 美洲。

【传入途径】 无意中引入。

【分布】 中国云南中低海拔地区广布，中国西南、华南、华东、华中地区，全球热带和亚热带地区。

【生境】 路边、公园、庭院、房前屋后及河边。

【物候】 花果期 4—10 月。

【风险评估】 Ⅱ级，严重入侵种；植株较矮小，学校、公园、城市路边常见，极易扩散，对生态景观和生态环境造成危害。

匍匐大戟

Euphorbia prostrata Aiton

1. 生境，常生于庭院、路边、砖缝、公园、房前屋后及河边等，一年生草本，茎匍匐状，自基部多分枝，通常呈淡红色或红色；2、3. 叶对生，椭圆形至倒卵形，被稀疏柔毛，正面绿色，背面有时略呈淡红色或红色，叶柄极短或近无，花序生于叶腋；4. 蒴果三棱状，果棱上被白色疏柔毛

98. 一品红 *Euphorbia pulcherrima* Willd. ex Klotzsch

大戟科 Euphorbiaceae　　大戟属 *Euphorbia*

【别名】 圣诞花、老来娇、猩猩木。

【识别特征】 灌木。茎直立，无毛。叶互生，卵状椭圆形、长椭圆形或披针形，正面被短柔毛或无毛，背面被柔毛，无托叶；苞叶狭椭圆形，常全缘，朱红色。花序数个聚伞排列于枝顶；总苞坛状，淡绿色；腺体常 1 枚，黄色。雄花多数，常伸出总苞之外，苞片丝状，具柔毛；雌花 1 枚，子房柄明显伸出总苞之外，无毛。蒴果，种子卵状。

【原产地】 中美洲。

【传入途径】 有意引入。

【分布】 中国云南各地有栽培（南部地区有零星归化），中国大部分省区市有栽培（南部地区有逸野归化），（除原产地有分布外）全世界其他热带和亚热带地区有广泛引种栽培和归化。

【生境】 路边、公园、庭院、房前屋后及河边。

【物候】 花果期 10—翌年 4 月。

【风险评估】 IV级，一般入侵种；热带地区零星归化，但因植株高大、萌发能力强，形成的单一群落占地面积大，铲除有一定困难。

一品红

Euphorbia pulcherrima Willd. ex Klotzsch

1. 常生于路边、公园、校园等，灌木；2. 花序聚生于枝顶，杯状聚伞花序多数，苞叶狭椭圆形，全缘，深红色；3. 杯状聚伞花序具短柄，总苞坛状，淡绿色，有黄色腺体；4. 杯状聚伞花序具雄花多数、雌花 1 枚，子房光滑，花柱红色

99. 麻风树   *Jatropha curcas* L.

大戟科 Euphorbiaceae   麻风树属 *Jatropha*

【别名】 麻疯树、芙蓉树、小桐子、臭油桐、膏桐。

【识别特征】 小乔木或灌木；枝无毛，髓部大。叶纸质，圆形、卵圆形至宽卵圆形，有时成掌状，先端短尖，基部心形，全缘或 3～5 浅裂，老叶无毛，掌状脉 5～7。花序腋生，雄花花瓣长圆形，黄绿色，合生至中部，内面被毛，腺体 5 枚，近圆柱状；雌花萼片离生，花瓣和腺体与雄花同。蒴果椭圆状球形，长 2.5～3 cm，黄色。种子椭圆形，黑色。

【原产地】 美洲热带地区。

【传入途径】 有意引入。

【分布】 中国云南低海拔地区（干热河谷地区较为常见），中国西南、华南等地区，全球热带和亚热带地区。

【生境】 干热河谷、干燥山坡、路边、村落旁。

【物候】 花期 9—10 月，果期 10—12 月。

【风险评估】 Ⅲ级，局部入侵种；多见逸生于干热河谷，对本土植物生存空间造成一定挤占，但种群密度不大，且植株有毒，应避免人畜误食。

麻风树

Jatropha curcas L.

1. 小乔木或灌木，蒴果椭圆状球形，幼时绿色；2. 叶纸质，全缘或 3～5 浅裂，先端短尖，基部心形，背面灰绿色，初沿脉被微柔毛，后变无毛；3. 花序腋生呈聚伞状；4. 雄花花瓣长圆形，黄绿色，合生至中部，内面被毛，有腺体 5 枚，近圆柱状

100. 木薯 *Manihot esculenta* Crantz

大戟科 Euphorbiaceae　　木薯属 *Manihot*

【别名】　树葛。

【识别特征】　直立灌木，块根圆柱状。叶纸质，轮廓近圆形，掌状深裂几达基部，全缘；托叶三角状披针形。圆锥花序顶生或腋生，苞片条状披针形；花萼带紫红色且有白粉霜；雄花萼片长卵形，雌花萼片长圆状披针形，子房卵形。蒴果椭圆状；种子种皮具斑纹，光滑。

【原产地】　南美洲。

【传入途径】　有意引入。

【分布】　中国云南南部、东南部、西南部和中部，中国华东、华中、华南、西南地区，全球热带和亚热带地区有广泛栽培或归化。

【生境】　路边、农田、山坡、河边、房前屋后。

【物候】　花期9—11月。

【风险评估】　Ⅳ级，一般入侵种；热带地区常见归化，多发生于山地、河边等生境，对本土植物生长造成影响，局部地区种群密度较大，应值得警惕。

木薯

Manihot esculenta Crantz

1. 生于路边、山坡等，直立灌木；2. 叶纸质，掌状深裂几达基部，常 7 裂，全缘；3. 雄花，花萼带紫红色且有白粉霜，萼片卵形，花药顶部被白色短毛；4. 蒴果椭圆状，表面粗糙，具 6 条狭而波状纵翅

101. 蓖麻 *Ricinus communis* L.

大戟科 Euphorbiaceae　　蓖麻属 *Ricinus*

【别名】 大麻子、草麻、天麻子。

【识别特征】 灌木，幼时被白粉。叶互生，轮廓近圆形，掌状7～11裂，裂缺几达中部，裂片卵状长圆形或披针形，顶端渐尖，边缘有锯齿；叶柄长。花单性，雌雄同株，无花瓣，圆锥花序与叶对生，下部雄花，上部雌花；雄花花萼裂片卵状三角形，雄蕊束众多；雌花萼片卵状披针形，子房卵状。蒴果球形，具软刺。种子平滑，斑纹淡褐色。

【原产地】 非洲东部。

【传入途径】 有意引入。

【分布】 中国云南各州市均有发现，中国各地有栽培或归化，广布于全球热带地区或栽培于热带至暖温带地区。

【生境】 路边、河边、农田、荒野、山坡、房前屋后。

【物候】 花果期近全年。

【风险评估】 Ⅰ级，恶性入侵种；植株高大粗壮，繁殖快，适应性强，常形成大面积的单一优势群落，铲除困难，防控成本高，此外，种子有剧毒。

蓖麻

Ricinus communis L.

1. 生境，常生于路边、河边、荒地等，在云南常为半大灌木，2～5 m 高；2. 叶互生，轮廓近圆形，掌状 7～11 裂，裂缺几达中部，裂片卵状长圆形或披针形，顶端渐尖，边缘有锯齿，叶柄长；3. 幼苗，叶椭圆形；4. 雄花，雄蕊束众多，黄色；5. 雌花，花柱红色，须状；6、7. 蒴果卵球形或近球形，果皮具软刺或平滑；8. 种子光滑，斑纹淡褐色

102. 苦味叶下珠 *Phyllanthus amarus* Schumacher & Thonning

叶下珠科 Phyllanthaceae   叶下珠属 *Phyllanthus*

【别名】 珠仔草、假油甘、龙珠草、月下珠。

【识别特征】 一年生或二年生草本，直立或平卧，全株无毛；茎单一，基部木质。叶互生，羽状复叶，叶片长圆形或椭圆状长圆形，基部圆形，先端钝或圆形，通常具细尖。雌雄同株，花腋生，雄花通常生于多叶枝的下部，生于枝中部的通常为两性（具 1 雌花和 1 雄花），小枝先端的多为雌花。蒴果表面平滑。

【原产地】 美洲热带地区。

【传入途径】 无意中引入。

【分布】 中国云南的大理、普洱、西双版纳、红河、临沧等州市，中国华南、华东、西南地区，全球热带和亚热带地区。

【生境】 路边、山野、农田、田坎、路旁。

【物候】 花果期全年。

【风险评估】 Ⅱ级，严重入侵种；农田杂草，有时发生量大。

苦味叶下珠

Phyllanthus amarus Schumacher & Thonning

1. 生境，常生于路边、田坎、路旁等，一年生或二年生草本，茎直立，叶互生；2. 羽状复叶，小叶片长椭圆形；3. 蒴果位于叶腋，常垂到叶背后；4. 花瓣 5，黄绿色，蒴果表面平滑

103. 野老鹳草 *Geranium carolinianum* L.

牻牛儿苗科 Geraniaceae   老鹳草属 *Geranium*

【别名】 老鹳草。

【识别特征】 一年生草本，茎直立或仰卧。茎被短柔毛，托叶披针状，先端尖，红色。叶互生或最上部对生，叶片圆肾形，基部心形，掌状 5～7 裂至近基部，上部羽状深裂，小裂片条状长圆形。花序腋生和顶生，长于叶，被倒生短柔毛和开展的长腺毛，花序呈伞形；萼片长卵形或近椭圆形，外被短柔毛或沿脉被开展的糙柔毛和腺毛；花瓣淡紫红色。蒴果。

【原产地】 北美洲。

【传入途径】 无意中引入。

【分布】 中国云南中部、西部，中国华东、华中、华北、华南、西南地区，美洲、中国、印度、日本、韩国、朝鲜。

【生境】 荒地、田园、路边和沟边。

【物候】 花期 4—7 月，果期 5—9 月。

【风险评估】 Ⅲ级，局部入侵种；总体种群密度不大，易和其他杂草形成混合居群，具有化感作用，可影响其他植物生长。

野老鹳草

Geranium carolinianum L.

1. 生境，常生于荒地、路边等，一年生草本；2、3. 叶掌状 5～7 裂至近基部，上部羽状深裂，小裂片条状长圆形；4. 茎被短柔毛，托叶披针状，先端尖，红色；5. 花瓣 5，倒卵形，淡粉色；6. 萼片 5，绿色，顶端急尖，外被短柔毛或沿脉被开展的糙柔毛和腺毛，蒴果被萼片包围，柱头伸出

104. 月见草 *Oenothera biennis* L.

柳叶菜科 Onagraceae　　　月见草属 *Oenothera*

【别名】　晚樱草、待霄草、夜来香、山芝麻。

【识别特征】　二年生草本。茎高 50～200 cm，被曲柔毛与伸展长毛。基生叶倒披针形，茎生叶椭圆形至倒披针形，两面被曲柔毛与长毛。穗状花序；苞片叶状；萼片先端骤缩成尾状；花瓣黄色，稀淡黄色；子房圆柱状，具 4棱。蒴果锥状圆柱形。

【原产地】　北美洲。

【传入途径】　有意引入。

【分布】　中国云南的昆明、玉溪、楚雄、丽江、昭通等州市，中国华北、华东、东北、西南地区，亚洲、欧洲、美洲、大洋洲。

【生境】　荒草地、沙地、山坡、田边。

【物候】　花果期 4—11 月。

【风险评估】　Ⅲ级，局部入侵种；破坏水土，排挤本地物种，影响生态环境和农业生产。

月见草

Oenothera biennis L.

1. 生境，常生于路边、荒草地、山坡等，二年生草本；2. 基生叶倒披针形，边缘疏生不整齐的浅钝齿，被曲柔毛与长毛，叶脉清晰；3、4. 穗状花序，苞片叶状，花萼反卷，花瓣黄色，稀淡黄色

105. 小花山桃草 *Oenothera curtiflora* W. L. Wagner & Hoch

柳叶菜科 Onagraceae   月见草属 *Oenothera*

【别名】 绒毛山桃草、绒叶山桃草、绒毛草、蜥蜴尾。

【识别特征】 一年生草本，全株尤其茎上部、花序、叶、苞片、萼片密被伸展灰白色长毛与腺毛。茎直立，不分枝。茎生叶狭椭圆形、长圆状卵形，有时菱状卵形，先端渐尖或锐尖，基部楔形下延。穗状花序；苞片线形；萼片绿色，线状披针形；花瓣白色至红色，先端钝，基部具爪。蒴果坚果状，纺锤形。

【原产地】 北美洲。

【传入途径】 有意引入。

【分布】 中国云南的昆明（呈贡、寻甸）、玉溪（新平）、红河（蒙自）等地，中国华北、华东、华中、东北、西南地区，亚洲东部、大洋洲、欧洲、美洲。

【生境】 路边、山坡、田间地头、公园。

【物候】 花期7—8月，果期8—9月。

【风险评估】 Ⅳ级，一般入侵种；一般性杂草，侵入农田导致农作物减产和生物多样性降低。

小花山桃草

Oenothera curtiflora W. L. Wagner & Hoch

1. 生境，常生于路边、山坡、公园等，一年生草本；2. 茎生叶长圆状卵形，先端渐尖或锐
尖，密被伸展灰白色长毛；3. 穗状花序，花瓣红色，线状披针形，萼片绿色，反折

106. 粉花月见草 *Oenothera rosea* L'Hér. ex Ait.

柳叶菜科 Onagraceae   月见草属 *Oenothera*

【别名】 红花月见草、粉花柳叶菜。

【识别特征】 多年生草本。茎被曲柔毛。基生叶倒披针形，茎生叶灰绿色，边缘具齿突，两面被曲柔毛。花单生于茎、枝顶部叶腋；花蕾顶端萼齿紧缩成喙，花瓣粉红至紫红色，花丝白色至淡紫色，柱头红色。蒴果棒状，具4条纵翅，翅间具棱，顶端具短喙。

【原产地】 美洲热带地区。

【传入途径】 有意引入。

【分布】 中国云南大部分州市，中国华东、华南、华中、华北、西南地区，亚洲、地中海地区、欧洲、非洲东南部和南部、美洲、大洋洲。

【生境】 农田、路边、水沟边、绿化带。

【物候】 花期4—11月，果期9—12月。

【风险评估】 Ⅰ级，恶性入侵种；常大面积发生，种子发芽率高，根具萌发能力，侵入农田，造成农作物减产，铲除困难。

粉花月见草

Oenothera rosea L'Hér. ex Ait.

1. 生境，常生于路边、荒地、草地等，多年生草本；2. 幼苗，基生叶倒披针形，暗红色，边缘具齿突；3. 花瓣粉红，花丝淡紫色，柱头红色；4. 蒴果棒状，具 4 条纵翅，翅间具棱，顶端具短喙

107. 美丽月见草 *Oenothera speciosa* Nutt.

柳叶菜科 Onagraceae　　月见草属 *Oenothera*

【别名】 夜来香、待霄草、粉晚樱草、粉花月见草。

【识别特征】 多年生草本。茎直立，幼枝初平卧后向上。单叶互生，叶片狭披针形，基部羽状深裂，边缘有锯齿。花单生于茎、侧枝上部叶腋；花瓣 4，具红色羽状纹脉，花初开时为淡粉色，后转为水红色；雄蕊 8；柱头 4 深裂，裂片线形。蒴果圆柱状，具 4 棱。

【原产地】 北美洲。

【传入途径】 有意引入。

【分布】 中国云南的昆明、玉溪、丽江等州市，中国南部地区多见栽培（部分地区有逸野归化），亚洲、美洲、大洋洲、地中海地区等。

【生境】 荒野、绿化带、花坛、路边。

【物候】 花期 4—11 月，果期 6—12 月。

【风险评估】 Ⅴ级，有待观察种；昆明周边发现归化，种群规模尚小，对入侵情况和危害的评估还需要继续观察后得出。

美丽月见草

Oenothera speciosa Nutt.

1. 生境，常生于荒野、绿化带、花坛、路边等，多年生草本，茎直立；2. 叶片狭披针形，边缘有锯齿；3. 花瓣 4，具红色羽状纹脉，花初开时为淡粉色，花药黄色，长圆状线形，柱头深裂，裂片线形；4. 蒴果近圆柱形，向上变狭

108. 待宵草 *Oenothera stricta* Ledeb. ex Link

柳叶菜科 Onagraceae　　　月见草属 *Oenothera*

【别名】　线叶月见草、夜来香、山芝麻。

【识别特征】　一年生或二年生草本。茎通常直立，不分枝或少分枝。基生叶丛生，狭椭圆形至倒线状披针形，边缘具稀疏浅齿，基部楔形，茎生叶无柄，基部心形。花序穗状，花疏生茎及枝中部以上叶腋，苞片叶状。花萼绿色至黄绿色，披针形，开花时反折；花瓣黄色，萎凋时橙红色。蒴果圆柱状，长 2.5～3.5 cm，被弯曲柔毛与腺毛。

【原产地】　南美洲。

【传入途径】　有意引入，作为观赏植物引入。

【分布】　中国云南的昆明、玉溪、大理、楚雄等州市，中国西南、华南、华东、华北地区，（除原产地有分布外）亚洲、欧洲、非洲、北美洲、大洋洲均有归化。

【生境】　常见于路边、荒地、苗圃、农田边、水沟边等。

【物候】　花期 5—11 月，果期 6—12 月。

【风险评估】　Ⅳ级，一般入侵种；主要发生于荒山、弃耕地、路边等，对农业生产有一定危害，发生量少，较易清除。

待宵草

Oenothera stricta Ledeb. ex Link

1. 一年生或二年生草本，茎直立，基生叶丛生，狭椭圆形至倒线状披针形；2. 花序穗状，苞片叶状；3. 花萼绿色至黄绿色，披针形，开花时反折，花瓣黄色；4. 茎生叶无柄，基部心形；5. 蒴果圆柱状，被弯曲柔毛与腺毛

109. 四翅月见草 *Oenothera tetraptera* Cav.

柳叶菜科 Onagraceae   月见草属 *Oenothera*

【别名】 椎果月见草、槌果月见草。

【识别特征】 多年生或一年生草本。基生叶暗绿色,边缘疏生浅齿突,茎生叶近无柄,狭椭圆形至披针形,两面疏生曲柔毛。总状花序;苞片叶状,边缘具数枚齿或裂片;花冠近漏斗状,萼片黄绿色,狭披针形,开放时反折,再从中部上翻;花瓣白色,受粉后变紫红色。蒴果倒卵状,具4条纵翅,翅间有白色棱,顶端骤缩成喙,密被伸展长毛。

【原产地】 美洲热带地区。

【传入途径】 有意引入。

【分布】 中国云南的昆明、楚雄、玉溪、昭通、曲靖等州市,中国华北、华东、华南、华中、西南地区,亚洲、美洲、大洋洲、非洲南部。

【生境】 山坡、路边、田埂开旷处或阴生草地。

【物候】 花期5—8月,果期7—10月。

【风险评估】 Ⅲ级,局部入侵种;一般性杂草,发生量不大,容易清除和防控。

四翅月见草

Oenothera tetraptera Cav.

1. 生境，常生于路边石缝、公园草地等，多年生或一年生草本，叶披针形，边缘疏生浅齿突；2、3. 花瓣 4，宽倒卵形，白色，雄蕊多数，花药黄色，萼片黄绿色，窄披针形；4. 花瓣受粉后变紫红色；5. 蒴果倒卵状，具 4 条纵翅，翅间有白色棱，顶端骤缩成喙，密被伸展长毛

110. 蓝桉 *Eucalyptus globulus* Labill.

桃金娘科 Myrtaceae　　　桉属 *Eucalyptus*

【别名】 洋草果、一口盅、油桉。

【识别特征】 大乔木。树皮灰蓝色，片状剥落；嫩枝略有棱。幼态叶对生，叶片卵形，基部心形，无柄，有白粉；成熟叶片革质，披针形、镰状。花大，单生或 2～3 朵聚生于叶腋内，无花梗或极短；萼管倒圆锥形，被白粉；帽状体稍扁平，中部为圆锥状凸起，早落；花丝纤细。蒴果半球形。

【原产地】 澳大利亚。

【传入途径】 有意引入。

【分布】 中国云南各地有广泛栽培和逸生，中国华东、华中、华南、西南地区，全球热带至温带地区有引种。

【生境】 路边、山坡、荒野、房前屋后、河边、湖边、村庄等地。

【物候】 花期 9—10 月，果期全年。

【风险评估】 Ⅳ级，一般入侵种；该种为云南种植面积最广的桉树，人工造林和自然逸生使该种在云南各地区均形成大面积单一优势群落，导致这些区域的生物多样性减少，对本土植物和生态环境造成一定的影响。

蓝桉

Eucalyptus globulus Labill.

1. 生境，多地有种植、逸野，大乔木；2. 幼态叶对生，叶片卵形，无柄，有白粉；3. 成熟叶片革质，披针形、镰状；4. 雄蕊多数，花丝纤细，花药椭圆形；5. 蒴果半球形，有4棱，被白粉；6. 蒴果果缘平而宽，果瓣不突出

111. 番石榴 *Psidium guajava* L.

桃金娘科 Myrtaceae　　　番石榴属 *Psidium*

【别名】 芭乐、鸡屎果、拔子、喇叭番石榴、东桃、胶桃。

【识别特征】 乔木。叶片革质，长圆形至椭圆形，侧脉 12～15 对，常下陷，网脉明显。花单生或 2～3 朵排成聚伞花序；萼管钟形，有毛，萼帽近圆形，不规则裂开；花瓣白色；子房下位，与萼合生，花柱与雄蕊同长。浆果球形、卵圆形或梨形，顶端有宿存萼片。

【原产地】 南美洲。

【传入途径】 有意引入。

【分布】 中国云南南部、西部至中部地区有栽培（常有逸野），中国华北、华东、华南、华中、西南地区，全球热带和亚热带地区。

【生境】 路边、田间地头、山坡、河边。

【物候】 花期 5—6 月，果期 7—10 月。

【风险评估】 Ⅳ级，一般入侵种；多逸生于路边、河谷等生境，是资源植物，未见对生态环境造成明显危害。

番石榴

Psidium guajava L.

1. 生境，常生于路边、田间地头等，乔木；2. 叶对生，革质，长圆形至椭圆形，侧脉
12～15 对，常下陷，网脉明显；3. 花瓣白色，雄蕊多数；4. 浆果球形、卵圆形或梨形，顶
端有宿存萼片

112. 文定果 *Muntingia calabura* L.

文定果科 Muntingiaceae   文定果属 *Muntingia*

【别名】 南美假樱桃。

【识别特征】 常绿小乔木。小枝及叶被短腺毛。叶片纸质，单叶互生，长圆状卵形，边缘有锯齿。花两性，单生或成对着生于上部小枝的叶腋；萼片5枚，分离，两侧边缘内折成舟状；花瓣5，白色，倒阔卵形，具有瓣柄，全缘，先端边缘波状；雄蕊多数；花盘杯状；柱头宿存。浆果。

【原产地】 美洲热带地区。

【传入途径】 有意引入。

【分布】 中国云南的西双版纳、普洱、临沧、德宏等州市，中国华东、华南、西南地区，非洲、美洲、亚洲。

【生境】 路边、山坡、村庄附近、林缘等。

【物候】 花期3—8月，果期6—9月。

【风险评估】 Ⅳ级，一般入侵种；可见逸野于自然生境，未见对生态环境造成明显危害。

文定果

Muntingia calabura L.

1. 常绿小乔木，小枝及叶被短腺毛；2. 叶片纸质，单叶互生，长圆状卵形，边缘有锯齿；
3. 萼片 5 枚，分离，花瓣 5，白色，倒阔卵形，雄蕊多数，子房上位；4. 浆果，熟时红色

113. 长蒴黄麻 *Corchorus olitorius* L.

锦葵科 Malvaceae   黄麻属 *Corchorus*

【别名】 苦麻叶、黄麻叶、食用黄麻、香麻叶。

【识别特征】 木质草本。叶纸质，长圆披针形，两面均无毛，边缘有细锯齿；叶柄上部有柔毛；托叶卵状披针形。花单生或数朵排成腋生聚伞花序；萼片长圆形，顶端有长角，基部有毛；花瓣长圆形，基部有柄。蒴果稍弯曲，具10棱，顶端有1凸起的角，有横隔。

【原产地】 印度、巴基斯坦。

【传入途径】 有意引入。

【分布】 中国云南中低海拔地区常有分布，中国华东、华南、华北、华中、西南、西北地区，美洲、非洲、亚洲。

【生境】 常见于路边、撂荒地。

【物候】 花期7—9月，果期10—11月。

【风险评估】 Ⅲ级，局部入侵种；常见于路边和荒地，发生量小，排挤本土植物，破坏当地的生物多样性。

长蒴黄麻

Corchorus olitorius L.

1. 生境，常生于路边、荒地等，木质草本，叶纸质，长圆披针形，边缘有细锯齿；2. 花瓣
5，长圆形，黄色，雄蕊多数，萼片 5，绿色；3. 蒴果稍弯曲，具 10 棱，顶端有 1 凸起的
角；4. 蒴果成熟后开裂，种子多数

114. 野西瓜苗 *Hibiscus trionum* L.

锦葵科 Malvaceae   木槿属 *Hibiscus*

【别名】 显香铃草、灯笼花、黑芝麻、火炮草。

【识别特征】 一年生直立或平卧草本。茎被白色星状粗毛。叶二型；托叶线形，被星状粗硬毛。花单生于叶腋；小苞片 12，线形，被粗长硬毛；花萼钟形，裂片 5，膜质，具纵向紫色条纹；花淡黄色、白色，内面基部紫色。蒴果长圆状球形，被粗硬毛，果爿 5。

【原产地】 非洲。

【传入途径】 有意引入。

【分布】 中国云南大部分州市（干热地区较为常见），中国华东、华南、华北、华中、东北、西北、西南地区，亚洲、欧洲、非洲、美洲。

【生境】 农田、林地、园地、路边、荒地、村庄周边。

【物候】 花期 7—10 月。

【风险评估】 Ⅱ级，严重入侵种；农田常见杂草，多发生于路边、荒地及农田等区域，有时发生量较大。

野西瓜苗

Hibiscus trionum L.

1. 生境，生于路边、荒地、沙地等，一年生草本；2、3. 上部的叶掌状 3～5 深裂；4. 花瓣 5，倒卵形，淡黄色、白色，内面基部紫色；5. 花萼钟形，淡绿色，具纵向紫色条纹，小苞片 12，线形；6. 花丝合成雄蕊柱，雄蕊多数，花药黄色；7. 花萼未展开时；8. 蒴果长圆状球形，被粗硬毛；9. 果爿 5，果皮薄、黑色，萼片宿存

115. 赛葵 *Malvastrum coromandelianum* (L.) Gurcke

锦葵科 Malvaceae   赛葵属 *Malvastrum*

【别名】 黄花草、黄花棉、苦麻、猪滑菜。

【识别特征】 半灌木状草本。茎多分枝；叶正面疏被长毛，背面疏被长毛和星状长毛，边缘具粗锯齿；叶柄密被长毛；托叶披针形。花单生于叶腋；小苞片线形，疏被长毛；萼浅杯状；花瓣 5，浅黄色。分果爿 8~12，肾形，疏被星状柔毛，具 2 芒刺。

【原产地】 美洲。

【传入途径】 无意中引入。

【分布】 中国云南中低海拔地区广布，中国华东、华南、华北、华中、西南地区，美洲、非洲、东亚、南亚、东南亚。

【生境】 路边、农田、河边、干热草坡。

【物候】 花期全年。

【风险评估】 Ⅲ级，局部入侵种；常见侵入旱作物田、果园等，路边常见，排挤本地植物，破坏当地的生物多样性，总体危害可控。

赛葵

Malvastrum coromandelianum (L.) Gurcke

1. 生于路边、农田，半灌木状，茎多分枝；2. 小苞片线形，疏被长毛；3. 花单生于叶腋，萼浅杯状，花瓣5，浅黄色；4、5. 叶正面疏被长毛，背面疏被长毛和星状长毛，边缘具粗锯齿，叶柄密被长毛，托叶披针形；6、7. 分果爿8～12，肾形，疏被星状柔毛，具2芒刺

116. 刺果锦葵 *Modiola caroliniana* (L.) G. Don

锦葵科 Malvaceae　　刺果锦葵属 *Modiola*

【别名】 不详。

【识别特征】 一年生或多年生草本植物。具有俯卧的毛茸茸的茎，在节点处生根。叶卵形至宽卵形，或有时三角形至肾形，3～7掌裂，裂片本身通常为羽状。花腋生；萼片绿色，基部融合；花橙红色或红色，花瓣5。果实是轮状裂果。

【原产地】 南美洲。

【传入途径】 无意中引入。

【分布】 中国云南的西双版纳（景洪）、楚雄（南华、双柏）等地，中国华南、西南地区，美洲、非洲南部、亚洲。

【生境】 常见于受人为干扰破坏的生境中。

【物候】 花果期4—11月。

【风险评估】 Ⅳ级，一般入侵种；多见于农田、荒地及各类工地，就当前来看发生量不大。

刺果锦葵

Modiola caroliniana (L.) G. Don

1. 生境，常生于田间、草地等，一年生或多年生草本植物，叶卵形至宽卵形，有时三角形至肾形，3～7掌裂；2. 花橙红色或红色，花瓣5，下部形成一个深红色的圈；3. 萼片绿色，5裂，基部融合

117. 蛇婆子 *Waltheria indica* L.

锦葵科 Malvaceae   蛇婆子属 *Waltheria*

【别名】 和他草。

【识别特征】 略直立或匍匐状半灌木。叶卵形或长椭圆状卵形，边缘有小齿，两面均密被短柔毛。聚伞花序腋生，头状；萼筒状，5 裂，裂片三角形；花瓣 5，淡黄色，匙形，顶端截形；花丝合生成筒状，包围着雌蕊；子房无柄，被短柔毛。蒴果倒卵形，被毛。

【原产地】 美洲热带地区。

【传入途径】 无意中引入。

【分布】 中国云南南部、玉溪（元江）等地，中国华东、华南、华中、西南地区，美洲、非洲、亚洲。

【生境】 常见于路边、撂荒地。

【物候】 花期夏秋季。

【风险评估】 Ⅲ级，局部入侵种；常见发生于路边及荒地，对本地生态环境造成一定影响，发生量不大。

蛇婆子

Waltheria indica L.

1. 生境，常见于路边、撂荒地，半灌木；2、3. 茎略直立，花序腋生；4、5. 叶卵形或长椭圆状卵形，边缘有小齿，两面均密被短柔毛；6、7. 花瓣 5，淡黄色，匙形，顶端截形；8. 花谢后花瓣干枯，朱红色

118. 旱金莲 *Tropaeolum majus* L.

旱金莲科 Tropaeolaceae   旱金莲属 *Tropaeolum*

【别名】 旱莲花、荷叶七。

【识别特征】 一年生草本。叶互生，叶片圆形，边缘具波浪形的浅缺刻，背面通常被疏毛或有乳凸点；叶柄向上扭曲，盾状。单花腋生；花黄色、紫色、橘红色或杂色；花托杯状；萼片 5，基部合生，边缘膜质；花瓣 5，通常圆形，边缘有缺刻，上部 2 片通常全缘，下部 3 片基部狭窄成爪。果扁球形。

【原产地】 南美洲（秘鲁、巴西）。

【传入途径】 有意引入。

【分布】 中国云南中低海拔地区，中国华东、华南、华北、西南、西北地区，美洲、非洲、欧洲、亚洲。

【生境】 路边、荒地、山坡及村庄周边。

【物候】 花期 6—10 月，果期 7—11 月。

【风险评估】 Ⅲ级，局部入侵种；多侵入道路两旁、荒地及山坡，形成单一优势群落，破坏入侵地的生态平衡。

旱金莲

Tropaeolum majus L.

1、2. 生境，生于路边及村庄周边、沟边等，一年生草本；3、4. 叶片圆形，盾状着生，边缘具波浪形的浅缺刻，叶背面通常被疏毛；5. 花橘红色，萼片5，基部合生，其中一片延长成一长锯，渐尖；6. 花瓣5，通常圆形，边缘有缺刻，下部3片基部狭窄成爪，近爪处边缘具睫毛

119. 番木瓜 *Carica papaya* L.

番木瓜科 Caricaceae   番木瓜属 *Carica*

【别名】 树冬瓜、满山抛、番瓜、万寿果、木瓜。

【识别特征】 常绿软木质小乔木，具乳汁。叶近盾形，叶柄中空。花单性或两性。植株有雄株、雌株和两性株。雄花圆锥花序，下垂，花冠乳黄色，雄蕊10，子房退化。雌花伞房花序，着生叶腋内，花冠乳黄色或黄白色，子房上位。两性花，雄蕊10枚，5长5短，排列成2轮，子房比雌株子房小。浆果肉质，成熟时橙黄色或黄色。

【原产地】 墨西哥南部至委内瑞拉。

【传入途径】 有意引入。

【分布】 中国云南大部分低海拔地区有栽培（干热地区常有逸野），中国华东、华南、华北、西南地区，美洲、非洲、大洋洲、亚洲。

【生境】 荒野路边或者农田周边。

【物候】 花果期全年。

【风险评估】 Ⅳ级，一般入侵种；栽培植物，稍有逸野，未见对生态环境造成明显危害。

番木瓜

Carica papaya L.

1. 生境，常生于荒野路边或农田周边等，常绿软木质小乔木；2. 雌花5裂，花冠管长，花冠乳黄色或黄白色，子房上位，卵球形，花柱5，柱头数裂，近流苏状；3. 浆果簇生于枝顶，梨形或近圆球形

120. 醉蝶花　*Cleome houtteana* Schltdl.

白花菜科 Cleomaceae　　白花菜属 *Cleome*

【别名】 蝴蝶梅、醉蝴蝶。

【识别特征】 一年生强壮草本。全株被黏质腺毛。叶为具 5～7 小叶的掌状复叶，两面被毛；叶柄常有淡黄色皮刺。总状花序，密被黏质腺毛；苞片 1，叶状；花蕾圆筒形，无毛；花梗被短腺毛；萼片 4，外被腺毛；花瓣粉红色、淡红色，偶为白色，无毛；柱头头状。果圆柱形，两端稍钝。

【原产地】 南美洲。

【传入途径】 有意引入。

【分布】 中国云南各地有栽培（偶有逸野），中国南部各省区市均有栽培，美洲、非洲、欧洲、亚洲。

【生境】 花坛、公园、绿化带及庭院。

【物候】 花期初夏，果期夏末秋初。

【风险评估】 V 级，有待观察种；栽培为主，偶见逸野，危害情况有待进一步观察。

醉蝶花

Cleome houtteana Schltdl.

1. 生境，常栽培种植，有逸野，一年生强壮草本，总状花序顶生，苞片单一，叶状，花粉白色或白色，单生苞片腋内；2. 花瓣粉红色，瓣片倒卵状匙形，雄蕊 6，花丝长；3. 果圆柱形，子房柄长，两端梢钝

121. 皱子白花菜 *Cleome rutidosperma* DC.

白花菜科 Cleomaceae　　　白花菜属 *Cleome*

【别名】 皱子鸟足菜、平伏茎白花菜、成功白花菜。

【识别特征】 一年生草本。茎直立、开展或平卧，无刺。复叶具 3 小叶，中央小叶最大，侧生小叶较小。花单生于茎上部叶的叶腋内；萼片 4，顶端尾状渐尖，背部被短柔毛，边缘有纤毛；花瓣 4，基部渐狭延成短爪，全缘，两面无毛。果线柱形，下部子房柄显著，顶端有喙。

【原产地】 非洲西部，自几内亚至刚果与安哥拉。

【传入途径】 有意引入。

【分布】 中国云南南部和西部，中国华东、华南、西南地区，美洲、非洲、亚洲、大洋洲。

【生境】 荒野路边或者农田周边。

【物候】 花果期 6—9 月。

【风险评估】 Ⅲ级，局部入侵种；一般性杂草，多见于农田和荒地，总体发生量不大。

皱子白花菜

Cleome rutidosperma DC.

1. 生境，常生于路边、荒地等，一年生草本，复叶具 3 小叶，小叶常棱形，中央小叶最大，侧生小叶较小；2、3. 花瓣 4，蓝紫色，雄蕊 6，花药蓝色；4. 果线柱形，顶端有喙

122. 南美独行菜 *Lepidium bonariense* L.

十字花科 Cruciferae　　独行菜属 *Lepidium*

【别名】 不详。

【识别特征】 一年生或多年生草本，高 30～50 cm。主根粗壮，深入地下。茎直立，多分枝，具短毛。基生叶二至三回羽状分裂，末回裂片披针形至线形；茎生叶一至二回羽裂。 总状花序顶生，花序轴逐渐伸长；花小，梗长 2～5 mm，花瓣绿白色。短角果宽卵形或近圆形，扁平状，无毛，长 2～3 mm，宽约 2 mm，顶端微缺。

【原产地】 南美洲。

【传入途径】 无意中引入。

【分布】 中国云南的昆明、玉溪、大理等州市，中国华东、华南、西南地区，欧洲、非洲、美洲、大洋洲、亚洲。

【生境】 公路边、荒地、园林绿地。

【物候】 花期 5—6 月。

【风险评估】 Ⅱ级，严重入侵种；多侵入道路两旁、绿化带及公园绿地，对当地的生态环境和生物多样性造成影响。

南美独行菜

Lepidium bonariense L.

1～5. 生境，生于公路边、荒地、园林绿地等，一年生或多年生草本；6. 主根粗壮，深入地下，极难拔除；7. 基生叶二回羽状分裂；8. 总状花序密集生于枝顶，花绿白色；9. 短角果宽卵形或近圆形

123. 臭荠 *Lepidium didymum* L.

十字花科 Cruciferae　　　独行菜属 *Lepidium*

【别名】 臭滨芥、臭独行菜。

【识别特征】 一年生或二年生匍匐草本。全株有臭味；主茎短且不明显，基部多分枝，无毛或有长单毛。叶一回或二回羽状全裂，裂片 3～5 对，线形或窄长圆形，全缘，两面无毛。萼片具白色膜质边缘；花瓣白色，比萼片稍长，或无花瓣。短角果肾形，顶端微凹。

【原产地】 秘鲁、巴西至南美洲南部。

【传入途径】 无意中引入。

【分布】 中国云南大部分州市，中国华东、华南、华北、华中、东北、西南、西北地区，美洲、欧洲、非洲、大洋洲、亚洲。

【生境】 荒草地、农田、草坪、园圃。

【物候】 花期 3 月，果期 4—5 月。

【风险评估】 Ⅱ级，严重入侵种；多侵入道路两旁、绿化带及农田，对生态环境和农业生产造成影响。

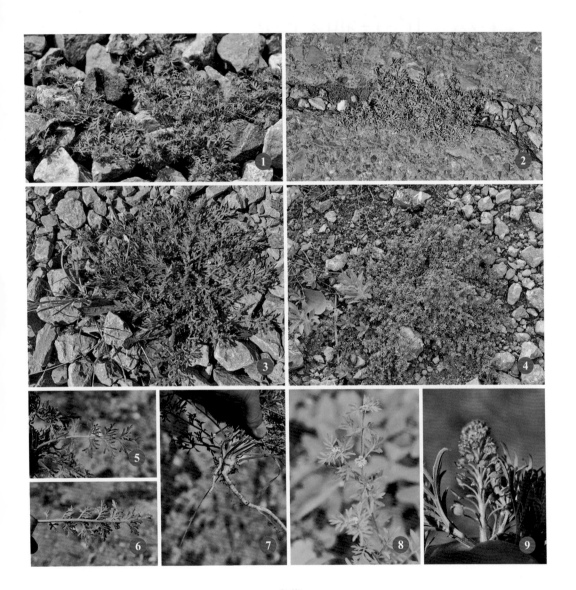

臭荠

Lepidium didymum L.

1～4. 生于路边石缝，一年生或二年生匍匐草本，主茎短且不明显，基部多分枝；5、6. 叶一回或二回羽状全裂，裂片 3～5 对，线形或窄长圆形，全缘，两面无毛；7. 直根系，肉质；8. 总状花序成头状，腋生或顶生；9. 短角果肾形，顶端微凹

124. 北美独行菜 *Lepidium virginicum* L.

十字花科 Cruciferae   独行菜属 *Lepidium*

【别名】 独行菜、星星菜、辣椒菜。

【识别特征】 一年生或二年生草本。茎单一，直立，上部分枝，具柱状腺毛。基生叶倒披针形，羽状分裂或大头羽裂，边缘有锯齿，两面有短伏毛；茎生叶倒披针形，有短柄，边缘有尖锯齿或全缘。总状花序顶生，萼片椭圆形，花瓣白色，雄蕊 2 或 4。短角果近圆形，扁平。

【原产地】 北美洲。

【传入途径】 无意中引入。

【分布】 中国云南大部分地区，中国华东、华南、华北、华中、西南、西北地区，亚洲、美洲、欧洲、非洲、大洋洲。

【生境】 农田、路边荒地、园林绿地。

【物候】 花期 4—5 月，果期 6—7 月。

【风险评估】 Ⅲ级，局部入侵种；多侵入道路两旁、绿化带及农田，有时发生面积较大。

北美独行菜

Lepidium virginicum L.

1. 生境，常生于路边、荒地等，一年生或二年生草本，茎单一，上部分枝；2. 茎生叶倒披针形，有短柄，边缘有尖锯齿；3. 总状花序顶生，花瓣小，白色；4. 短角果近圆形，扁平，顶端凹

125. 豆瓣菜 *Nasturtium officinale* W. T. Aiton

十字花科 Cruciferae　　　豆瓣菜属 *Nasturtium*

【别名】 西洋菜、水田荠、水生菜。

【识别特征】 多年生水生草本。茎节上生不定根。单数羽状复叶，顶端叶片近全缘或呈浅波状，基部截平，侧生小叶基部不对称，叶柄基部成耳状。总状花序顶生；萼片长卵形，边缘膜质；花瓣白色，具脉纹，顶端圆，基部渐狭成细爪。长角果圆柱形而扁。

【原产地】 欧洲、北非和西亚。

【传入途径】 有意引入。

【分布】 中国云南大部分地区，中国华东、华南、华北、华中、东北、西南、西北地区，亚洲、欧洲、非洲、大洋洲、美洲。

【生境】 水中、水沟边、沼泽地或水田。

【物候】 花期4—5月，果期6—7月。

【风险评估】 Ⅲ级，局部入侵种；常发生于水域及潮湿生境，影响生物多样性，但总体危害不大。

豆瓣菜

Nasturtium officinale W. T. Aiton

1、2. 生境，生于水边等潮湿环境，多年生水生草本；3. 总状花序顶生；4. 幼苗，小叶宽卵形；5. 叶型随着着生位置和时间的不同而不同，有 3～11 小叶；6. 花瓣 4，稍大，白色；7. 长角果圆柱形

126. 珊瑚藤 *Antigonon leptopus* Hook. & Arn.

蓼科 Polygonaceae   珊瑚藤属 *Antigonon*

【别名】 紫苞藤、朝日藤。

【识别特征】 多年生攀缘落叶藤本，长可达 10 m。茎基部稍木质，由肥厚的块根发出；叶互生，心形，长 6～14 cm，先端渐尖，基部深心脏形，有明显的网脉；花序总状，顶生或腋生，花淡红色至白色；瘦果。

【原产地】 墨西哥、尼加拉瓜。

【传入途径】 有意引入。

【分布】 中国云南大部分地区有栽培（西双版纳存在逸野），中国华中、华东、华南、西南地区，美洲、非洲、亚洲。

【生境】 庭园、田间、路旁。

【物候】 花果期夏秋季。

【风险评估】 Ⅲ级，局部入侵种；可见逸生于各类受人为干扰的生境，偶有连片发生趋势，应提高警惕。

珊瑚藤

Antigonon leptopus Hook. & Arn.

1、2. 多年生攀缘落叶藤本，圆锥花序，花常淡红色和白色；3、4. 叶心形，有明显的网脉；5. 花序呈总状，顶生或腋生；6、7. 花瓣椭圆状披针形，花瓣白色或淡红色；8. 雄蕊7～8，花柱 3

127. 荷莲豆草

Drymaria cordata (Linnaeus) Willdenow ex Schultes

石竹科 Caryophyllaceae　　荷莲豆草属 *Drymaria*

【别名】 有米菜、青蛇子、水青草。

【识别特征】 一年生草本。根纤细，茎匍匐，丛生、纤细，基部分枝，节常生不定根。叶片卵状心形；托叶数片，刚毛状。聚伞花序顶生；花瓣白色，倒卵状楔形，顶端2深裂。蒴果卵形；种子近圆形，表面具小疣。

【原产地】 墨西哥南部至南美洲热带地区，以及非洲大部分地区。

【传入途径】 无意中引入。

【分布】 中国云南大部分地区，中国华东、华中、华南、西南地区，美洲、非洲、亚洲。

【生境】 山地、林缘、路边、农田。

【物候】 花期4—10月，果期6—12月。

【风险评估】 Ⅲ级，局部入侵种；一般性杂草，发生量通常不大，影响农业生产和本地生物多样性。

荷莲豆草

Drymaria cordata (Linnaeus) Willdenow ex Schultes

1. 生境，常生于路边等，一年生草本；2、3. 叶片卵状心形，基出脉 3～5，具短柄；4. 聚伞花序顶生，二歧分枝；5. 花瓣白色，倒卵状楔形，顶端 2 深裂

128. 大爪草 *Spergula arvensis* Linnaeus

石竹科 Caryophyllaceae　　大爪草属 *Spergula*

【别名】 不详。

【识别特征】 一年生草本。茎丛生，多分枝，被疏柔毛。叶片线形，顶端尖，稍弯曲；托叶小，膜质。聚伞花序稀疏；花小，白色；花梗细，果时常下垂；萼片卵形，顶端钝，被腺毛；花瓣卵形，全缘。蒴果宽卵形；种子近圆形，具狭翅，两面具乳头状凸起。

【原产地】 北温带广布，南至印度和北非。

【传入途径】 自然传入。

【分布】 中国云南大部分地区均有发现，中国东北、华北、华中、西北、西南地区，从北温带向南至印度和北非。

【生境】 山地、林缘、路边、农田、荒地、居民区。

【物候】 花期 6—7 月，果期 7—8 月。

【风险评估】 Ⅱ级，严重入侵种；农业杂草，多发生于农田，连片生长，对农作物生长造成影响。

大爪草

Spergula arvensis Linnaeus

1. 生境，常生于路边、农田、荒地等，一年生草本，茎丛生，多分枝；2. 聚伞花序；3. 叶片线形，顶端尖，稍弯曲；4. 蒴果宽卵形

129.巴西莲子草 *Alternanthera brasiliana* (L.) Kuntze

苋科 Amaranthaceae   莲子草属 *Alternanthera*

【**别名**】 红莲子草、红草、红龙苋。

【**识别特征**】 一年生或多年生草本或半灌木。茎直立，具绒毛或无毛。叶片卵形至披针形，叶无柄。头状花序顶生或腋生，具花序梗；苞片干膜质，宿存，短于花被片；花被片披针形，顶端渐尖；雄蕊 5。胞果椭圆形，棕色。种子卵球形。

【**原产地**】 美洲热带及亚热带地区。

【**传入途径**】 有意引入。

【**分布**】 中国云南大部分地区，中国华中、华东、华南、西南地区，美洲、中东、亚洲。

【**生境**】 路边荒地、园林绿地、农田、河岸等受干扰的生境中。

【**物候**】 春季至深秋开花，在热带地区可全年开花。

【**风险评估**】 Ⅲ级，局部入侵种；一般性杂草，扩散快，挤压本地植物生存空间并影响植物群落的多样性。

巴西莲子草

Alternanthera brasiliana (L.) Kuntze

1、2. 生境，常见于园林绿地、路边等，一年生或多年生草本或半灌木，茎直立，叶片卵形到披针形，头状花序顶生和腋生，有花序梗；3. 花序白色，球形，有时顶端偏紫

130. 线叶虾钳菜 *Alternanthera nodiflora* R. Br.

苋科 Amaranthaceae　　莲子草属 *Alternanthera*

【别名】 狭叶莲子草。

【识别特征】 一年生草本，茎细长，节间两侧具一行柔毛，节上具白色毛。叶线形或线状长圆形，具 1 中脉。花序 1～3 个腋生，近球形，白色，无总花梗；小苞片披针形，无毛，白色。胞果倒心形，近扁平。种子暗褐色。

【原产地】 澳大利亚。

【传入途径】 有意引入。

【分布】 中国云南南部至中部，中国华东、华南、西南地区，亚洲、非洲、大洋洲。

【生境】 路边、农田、荒野。

【物候】 花期 6—9 月。

【风险评估】 Ⅲ级，局部入侵种；多侵入农田，对蔬菜和玉米造成危害。

线叶虾钳菜

Alternanthera nodiflora R. Br.

1. 生境，常生于路边，一年生草本，茎细长；2. 叶对生，线形或线状长圆形；3. 花序 1～3 个腋生，近球形，白色

131. 空心莲子草

Alternanthera philoxeroides
(Mart.) Griseb.

苋科 Amaranthaceae   莲子草属 *Alternanthera*

【别名】 过江龙、空心莲子菜、水花生、革命草、喜旱莲子草。

【识别特征】 多年生草本；茎基部匍匐，上部上升，管状，具分枝。叶片矩圆形、矩圆状倒卵形或倒卵状披针形。花密生，成具总花梗的头状花序单生在叶腋，花序球形；花被片矩圆形，白色、光亮。

【原产地】 南美洲除阿根廷以外的地区。

【传入途径】 有意引入。

【分布】 中国云南各州市均有发现，中国大部分省区市，美洲、南亚、东南亚、东亚、澳大利亚。

【生境】 农田、路边荒地、园林绿地、花坛周边、湖泊、池沼、水沟等。

【物候】 花期5—10月。

【风险评估】 I级，恶性入侵种；各类生境均可大面积发生，影响渔业，破坏生态景观，破坏生物多样性和农作物生产，是极难清除的恶性杂草。

空心莲子草

Alternanthera philoxeroides (Mart.) Griseb.

1～3. 生境，常见于池沼、农田、路边、河边等，多年生草本；4. 茎匍匐，叶片矩圆状倒卵形；5. 茎管状，中空；6. 花密生，成具总花梗的头状花序；7. 花被片矩圆形，白色、光亮，雄蕊花丝基部联合成杯状，退化雄蕊矩圆状条形

132. 刺花莲子草 *Alternanthera pungens* kunth

苋科 Amaranthaceae   莲子草属 *Alternanthera*

【别名】 地雷草。

【识别特征】 多年生草本；茎披散、匍匐，有多数分枝，密生伏贴白色硬毛。叶片卵形、倒卵形或椭圆倒卵形。头状花序无总花梗，腋生，球形或矩圆形，苞片披针形，顶端有锐刺。胞果宽椭圆形，褐色，极扁平，顶端截形或稍凹。

【原产地】 美洲热带地区。

【传入途径】 无意中引入。

【分布】 中国云南中低海拔地区，中国华北、华中、华东、华南、西南地区，美洲、欧洲、非洲、亚洲。

【生境】 路边、荒地、河滩。

【物候】 花期 5 月，果期 7 月。

【风险评估】 II 级，严重入侵种；扩散快，对入侵地农作物造成危害，其花苞和花被片顶端的锐刺可扎伤人畜，对猪和羊有毒，可使牛患皮肤病。

刺花莲子草

Alternanthera pungens kunth

1～3. 生境，常见于路边、荒地、河滩等，多年生草本，茎披散、匍匐，有多数分枝；4. 头状花序无总花梗，腋生，花被片大小不等，顶端有锐刺

133. 凹头苋 *Amaranthus blitum* L.

苋科 Amaranthaceae   苋属 *Amaranthus*

【别名】 凹叶苋菜、野苋、紫苋、土苋菜。

【识别特征】 一年生草本，全体无毛。茎伏卧而上升，从基部分枝，淡绿色或紫红色。叶片卵形或菱状卵形。花簇腋生于下部叶或顶生，生在茎端和枝端者成直立穗状花序或圆锥花序；花被片矩圆形或披针形，淡绿色。种子环形，黑色至黑褐色。

【原产地】 南美洲。

【传入途径】 无意中引入。

【分布】 中国云南各州市均有发现，中国大部分省区市，全球温带、亚热带、热带地区。

【生境】 常见于田间、苗圃、耕地、果园、路边、荒地、河岸、铁路沿线等，喜生于沙质土壤，肥沃的土地更适宜该种繁殖。

【物候】 花期7—8月，果期8—9月。

【风险评估】 Ⅲ级，局部入侵种；一般性杂草，多发生于路边和宅旁，通常发生量不大，可作为野菜或饲料。

凹头苋

Amaranthus blitum L.

1. 生境，常见于路边、荒地、农田等，一年生草本，叶对生，顶端凹缺，穗状花序顶生；
2. 叶片卵形或菱状卵形，叶背侧脉清晰，5 对；3. 花簇腋生，在茎端和枝端者成直立穗状
花序或圆锥花序；4. 花被片矩圆形或披针形，淡绿色；5. 种子环形，边缘具环状边

134. 尾穗苋 *Amaranthus caudatus* L.

苋科 Amaranthaceae　　苋属 *Amaranthus*

【别名】 老枪谷、籽粒苋、垂鞭绣绒球。

【识别特征】 一年生草本。茎直立，粗壮，具钝棱角，绿色。叶片菱状卵形或菱状披针形。圆锥花序顶生，下垂，有多数分枝，中央分枝特别长，由多数穗状花序形成，花被片红色。胞果近球形；种子近球形，淡棕黄色，有厚的环。

【原产地】 南美洲安第斯山区。

【传入途径】 有意引入。

【分布】 中国云南各州市均有栽培（多有逸野），中国各地均有栽培（有时逸野），全球温带、亚热带、热带地区。

【生境】 田间、庭院、果园、路边、荒地等。

【物候】 花期7—8月，果期9—10月。

【风险评估】 Ⅳ级，一般入侵种；栽培为主，未见对环境造成明显危害。

尾穗苋

Amaranthus caudatus L.

1. 生境，常见于路边、庭院等，茎直立、粗壮，具钝棱角，叶片菱状卵形或菱状披针形，圆锥花序顶生，下垂；2. 茎绿色，或常带粉红色；3. 圆锥花序顶生、下垂，有多数分枝，中央分枝特长，由多数穗状花序形成；4. 花被片红色

135. 繁穗苋 *Amaranthus cruentus* L.

苋科 Amaranthaceae　　苋属 *Amaranthus*

【别名】 老鸦谷、天雪米、苋菜、汉菜、小米菜。

【识别特征】 一年生草本；茎直立，单一或分枝，几无毛。叶卵状矩圆形或卵状披针形，顶端锐尖或圆钝。花单性或杂性，圆锥花序腋生和顶生，由多数穗状花序组成；苞片和小苞片钻形，绿色或紫色；花被片膜质，绿色或紫色，顶端有短芒。胞果卵形，盖裂，和宿存花被等长。

【原产地】 中美洲。

【传入途径】 有意引入。

【分布】 中国云南各州市均有发现，中国各地均有栽培（有时逸野），全球温带、亚热带、热带地区。

【生境】 田间、苗圃、耕地、果园、路边、荒地等。

【物候】 花期 6—7 月，果期 9—10 月。

【风险评估】 Ⅳ级，一般入侵种；栽培为主，稍有逸野，多被人为采收，未见对环境造成明显危害。

繁穗苋

Amaranthus cruentus L.

1. 生境，常见于耕地、路边等，圆锥花序腋生和顶生；2、3. 叶卵状矩圆形或卵状披针形，顶端锐尖或圆钝，叶脉明显；4. 花穗顶端尖，苞片及花被片顶端芒刺明显，花被片和胞果等长

136. 绿穗苋 *Amaranthus hybridus* L.

苋科 Amaranthaceae   苋属 *Amaranthus*

【别名】 台湾苋、任性菜、野苋菜、汉菜。

【识别特征】 一年生草本。茎直立，分枝，上部近弯曲。叶片卵形，顶端尖。圆锥花序顶生，细长，由穗状花序组成，中间花穗最长。胞果卵形，环状横裂，超出宿存花被片。种子近球形，黑色。

【原产地】 美洲。

【传入途径】 有意引入。

【分布】 中国云南大部分地区，中国各地均有栽培（有时逸野），美洲、非洲、亚洲（中亚、南亚、东亚、东南亚）、澳大利亚。

【生境】 耕地、果园、路边、荒地、河岸等。

【物候】 花期7—8月，果期9—10月。

【风险评估】 Ⅲ级，局部入侵种；栽培苋属植物中逸野能力最强的物种之一，常见侵入农田、果园等，有时发生量较大。

绿穗苋

Amaranthus hybridus L.

1. 生境，常见于河岸，茎直立；2. 叶片卵形，顶端尖；3. 圆锥花序顶生、细长，由穗状花序而成，中间花穗最长

137. 千穗谷 *Amaranthus hypochondriacus* L.

苋科 Amaranthaceae　　苋属 *Amaranthus*

【别名】 猪苋菜、洋苋菜、仙米、长穗苋、千穗苋、汉菜。

【识别特征】 一年生草本。茎直立，绿色或紫红色。单叶互生，叶片菱状卵形或矩圆状披针形。圆锥花序顶生，直立，圆柱形，由多数穗状花序形成，侧生穗较短；苞片及小苞片卵状钻形，绿色或紫红色；花被片矩圆形，绿色或紫红色。胞果近菱状卵形，绿色。种子近球形，白色。

【原产地】 墨西哥。

【传入途径】 有意引入。

【分布】 中国云南各地有栽培（有逸野），中国西南、西北、华北、东北、华东地区有归化，美洲、非洲、欧洲、大洋洲、亚洲。

【生境】 常见于农田、路边、庭院、荒地等。

【物候】 花期 7—8 月，果期 8—9 月。

【风险评估】 Ⅳ级，一般入侵种；栽培为主，常见逸野，未见对环境造成明显危害。

千穗谷

Amaranthus hypochondriacus L.

1. 生境，常见于路边、庭院等；2、3. 叶片菱状卵形或矩圆状披针形，正面常带紫色，叶基部楔形，全缘或波状缘，无毛；4. 圆锥花序顶生、直立，圆柱形，由多数穗状花序形成，侧生穗较短；5. 小苞片钻形，花被片矩圆形

138. 反枝苋 *Amaranthus retroflexus* L.

苋科 Amaranthaceae 苋属 *Amaranthus*

【别名】 西风谷、野苋菜、苋菜、汉菜、小米菜。

【识别特征】 一年生草本。茎直立，淡绿色，有时带紫色条纹，稍具钝棱。叶片菱状卵形或椭圆状卵形。圆锥花序顶生及腋生，由多数穗状花序形成，顶生花穗较侧生者长；苞片及小苞片钻形，白色；胞果扁卵形，包裹在宿存花被片内。种子近球形，棕色或黑色。

【原产地】 北美洲。

【传入途径】 有意引入。

【分布】 中国云南各地有栽培或逸野，中国大部分地区有归化，全球温带、亚热带、热带地区。

【生境】 耕地、果园、路边、垃圾堆、荒地河岸以及一些开阔的受干扰的环境。

【物候】 花期7—8月，果期8—9月。

【风险评估】 Ⅲ级，局部入侵种；多为栽培，有时逸野，多作为蔬菜和饲料为人利用，逸野时对本土物种有一定影响。

反枝苋

Amaranthus retroflexus L.

1. 生境，常见于路边等一些开阔的受干扰的环境中，一年生草本，茎直立，淡绿色；
2、3.叶片菱状卵形或椭圆状卵形，两面及边缘有柔毛，顶端微凹；4.圆锥花序顶生，由多数穗状花序组成，绿色

139. 刺苋 *Amaranthus spinosus* L.

苋科 Amaranthaceae   苋属 *Amaranthus*

【别名】 勒苋菜、笋苋菜、刺汉菜、土汉菜。

【识别特征】 一年生草本。茎直立，圆柱形或钝棱形，多分枝，绿色或带紫色。叶片菱状卵形或卵状披针形。圆锥花序腋生及顶生，苞片在腋生花簇及顶生花穗的基部者变成尖锐直刺，小苞片狭披针形，花被片绿色。胞果矩圆形，包裹在宿存花被片内。种子近球形，黑色或带棕黑色。

【原产地】 美洲热带地区。

【传入途径】 无意中引入。

【分布】 中国云南大部分州市均有发现，中国大部分地区（西北和东北的少数省区除外），全球温带、亚热带、热带地区。

【生境】 干热河谷、田边、耕地、果园、路边、垃圾堆、荒地等。

【物候】 花果期 7—11 月。

【风险评估】 Ⅰ级，恶性入侵种；植株具刺，易扎伤人畜，在云南南部严重入侵。

刺苋

Amaranthus spinosus L.

1. 生境，常生于路边、荒地等，基部多分枝；2. 叶腋有明显的刺；3. 叶片菱状卵形或卵状披针形，叶柄长；4、5. 圆锥花序顶生，苞片在顶生花穗的基部者变成尖锐直刺，常为紫色和绿色；6. 顶生花穗常为雄花，雄蕊 5，侧生花序常为雌花，胞果包裹在宿存花被片内，种子近球形，黑色

140. 苋 *Amaranthus tricolor* L.

苋科 Amaranthaceae　　苋属 *Amaranthus*

【别名】 苋菜、雁来红、三色苋、老来少、老少年、红汉菜、小米菜。

【识别特征】 一年生草本；茎粗壮，绿色或红色，常分枝。叶片卵形、菱状卵形或披针形，绿色或杂多色。花簇腋生，直到下部叶，或同时具顶生花簇，成下垂的穗状花序；雄花和雌花混生；苞片及小苞片卵状披针形；花被片矩圆形。胞果卵状矩圆形，包裹在宿存花被片内。种子近圆形或倒卵形，黑色或黑棕色。

【原产地】 印度次大陆。

【传入途径】 作为粮食和饲料作物引入。

【分布】 中国云南各地广泛栽培（有逸野），全中国有广泛栽培或逸生，东亚、中亚、西亚、非洲、欧洲部分地区及澳大利亚。

【生境】 农田、路边、庭院及荒地。

【物候】 花期5—8月，果期7—9月。

【风险评估】 Ⅳ级，一般入侵种；栽培为主，可见逸野，未见对环境造成明显危害。

苋

Amaranthus tricolor L.

1. 生境，常见于荒地、路边等，茎绿色或红色，常分枝；2、3. 叶片全缘或波状缘，无毛，卵形、菱状卵形，绿色或杂多色；4. 雄花和雌花混生，苞片及小苞片卵状披针形，花被片矩圆形

141. 墙生藜 *Chenopodiastrum murale* (L.) S. Fuentes, Uotila & Borsch

苋科 Amaranthaceae   麻叶藜属 *Chenopodiastrum*

【别名】 不详。

【识别特征】 一年生草本。茎直立，常具红色或紫色细棱，多分枝，无毛。叶菱形至卵形，有时三角形。花序腋生和顶生，通常具分枝，无苞片，簇生的团伞花序在分枝上排列成圆锥花序。花被片 5，黄绿色。种子双凸镜状，黑色，表面具细密皱纹。

【原产地】 欧洲南部（地中海）、北非、西亚。

【传入途径】 无意中引入。

【分布】 中国云南的昆明（呈贡），中国云南，亚洲、欧洲、非洲、大洋洲、美洲。

【生境】 村庄周边、路旁、弃耕的荒地、农田菜地。

【物候】 花果期 6—9 月。

【风险评估】 Ⅴ级，有待观察种；海关检疫性植物，入侵农田和居民区，影响生态环境，使农作物减产，有较大的入侵风险，不过目前对其在云南省内的分布和危害情况尚不是很清楚，有待进一步的研究和评估。

墙生藜

Chenopodiastrum murale (L.) S. Fuentes, Uotila & Borsch

1. 植株正面，茎直立，多分枝，单叶互生，菱形至卵形，上部具齿，圆锥花序腋生和顶生；2. 叶菱形至卵形，边缘有齿；3. 苞叶披针形，叶背有白粉；4. 花序腋生和顶生，通常具分枝；5、6. 花序整体被白粉，花被片 5，黄绿色，雄蕊淡绿色；7. 雌花；8、9. 雄花，雄蕊 5，花药伸出花被

142. 杖藜 *Chenopodium giganteum* D. Don

苋科 Amaranthaceae　　藜属 *Chenopodium*

【别名】 红盐菜、灰条菜。

【识别特征】 一年生草本。茎直立，具条棱及绿色或紫红色色条。叶片菱形至卵形。花序为顶生大型圆锥状花序，果时通常下垂；花被片 5，绿色或带暗紫红色。胞果双凸镜形。种子黑色或红黑色，边缘钝，表面具浅网纹。

【原产地】 印度。

【传入途径】 有意引入。

【分布】 中国云南大部分州市均有发现，中国西南、华南、华中、华北等地，亚洲、欧洲、非洲、美洲。

【生境】 田间地头、公路边、荒地等。

【物候】 花期 8 月，果期 9—10 月。

【风险评估】 Ⅲ级，局部入侵种；栽培为主，常见逸野，发生量不大，对环境危害较小。

杖藜

Chenopodium giganteum D. Don

1. 生境，常见于路边等；2. 幼苗嫩叶带紫红色，老叶绿色；3. 叶片菱形至卵形，边缘具不
整齐的浅波状钝锯齿；4. 花序为顶生圆锥状花序，花被片绿色或带暗紫红色

143. 土荆芥

Dysphania ambrosioides (L.)
Mosyakin & Clemants

苋科 Amaranthaceae　　腺毛藜属 *Dysphania*

【别名】 杀虫芥、臭草、鹅脚草。

【识别特征】 一年生或多年生草本，有强烈气味。茎直立，多分枝，有沟纹，淡绿色或淡紫色。叶片矩圆状披针形至披针形。花两性及雌性，通常3~5个团集，生于上部叶腋；花被裂片5，绿色。胞果扁球形，完全包于花被内。种子黑色或暗红色。

【原产地】 南美洲、北美洲南部。

【传入途径】 无意中引入。

【分布】 中国云南大部分州市，中国西南、华南、华中、华东等地，全球温带、亚热带、热带地区。

【生境】 房前屋后、路旁、荒地、旷野草地、河岸、田边地头。

【物候】 花果期6—12月。

【风险评估】 Ⅰ级，恶性入侵种；常见大面积发生，排挤本土物种，破坏生态平衡，有化感作用，抑制农作物生长，花粉也会使人过敏。

土荆芥

Dysphania ambrosioides (L.) Mosyakin & Clemants

1. 生境，常见于路边、荒地及农田等，茎直立，多分枝，有色条及钝条棱；2、3. 叶片矩圆状披针形至披针形，边缘具稀疏的大锯齿；4. 花通常 3～5 个团集，生于上部叶腋，而后组成大型的圆锥花序

144. 铺地藜 *Dysphania pumilio* (R. Br.) Mosyakin & Clemants

苋科 Amaranthaceae　　腺毛藜属 *Dysphania*

【别名】 不详。

【识别特征】 一年生铺散或平卧草本。茎多分枝而纤细，嫩枝密被柔毛。叶羽状深裂，两面均被柔毛。团集聚伞花序腋生；花被片5，灰白色。种子双凸透镜状，红褐色。

【原产地】 澳大利亚。

【传入途径】 无意中引入。

【分布】 中国云南的昆明、楚雄，中国西南、华北地区，亚洲、欧洲、大洋洲、非洲。

【生境】 庭院、荒地、河岸及沟渠旁，也常侵入农田。

【物候】 花果期7—9月。

【风险评估】 Ⅲ级，局部入侵种；多为田边杂草，发生量不大，危害较轻，易于控制。

铺地藜

Dysphania pumilio (R. Br.) Mosyakin & Clemants

1. 生境，常见于庭院、荒地，铺散草本，茎多分枝而纤细；2. 幼叶明显羽裂，边缘具 3～4
（5）对粗牙齿或浅裂片；3. 叶背具柔毛

145. 银花苋 *Gomphrena celosioides* Mart.

苋科 Amaranthaceae   千日红属 *Gomphrena*

【别名】 鸡冠千日红、假千日红。

【识别特征】 直立或披散草本。茎被贴生白色长柔毛。单叶对生；叶柄短或无；叶片长椭圆形至近匙形，先端急尖或钝，基部渐狭，背面密被柔毛。头状花序顶生，银白色，初呈球状，后呈长圆形；苞片宽三角形，小苞片白色；萼片外面被白色长柔毛。胞果梨形。

【原产地】 南美洲。

【传入途径】 有意引入。

【分布】 中国云南大部分州市，中国西南、华东、华中和华南等地有归化，南美洲、非洲、亚洲、大洋洲。

【生境】 路边、荒地、花坛、绿化带。

【物候】 花果期 2—6 月。

【风险评估】 Ⅲ级，局部入侵种；一般性杂草，常见危害农田，近几年有逐渐扩张的趋势。

银花苋

Gomphrena celosioides Mart.

1. 生境，常见于荒地，有时伏在地面上生长；2、3. 茎被贴生白色长柔毛，单叶对生，叶片长椭圆形至近匙形，背面密被柔毛；4. 头状花序顶生、银白色，长圆形，苞片宽三角形

146. 心叶日中花

Mesembryanthemum cordifolium L. F.

番杏科 Tetragoniaceae　　日中花属 *Mesembryanthemum*

【别名】 巴西吊兰、露花、花蔓草。

【识别特征】 多年生常绿草本。茎斜卧、铺散，有分枝，稍带肉质。叶片心状卵形。花单个顶生或腋生；花瓣多数，红紫色，匙形。蒴果肉质，星状4瓣裂；种子多数。

【原产地】 非洲南部。

【传入途径】 有意引入。

【分布】 中国云南各地有栽培（有逸野），全中国有广泛栽培或逸野，亚洲、大洋洲、非洲。

【生境】 庭院、花园、公园、路边等。

【物候】 花期7—8月。

【风险评估】 Ⅳ级，一般入侵种；栽培为主，偶见逸野，大多数情况下未见对生态环境造成明显影响。

心叶日中花

Mesembryanthemum cordifolium L. F.

1. 生境，常见于公园、路边等，茎斜卧、铺散，有分枝，稍带肉质；2、3. 叶片心状卵形，全缘；4. 花瓣多数，红紫色；5. 花萼 4 裂，2 个大，卵形，2 个小，线形；6. 子房下位

147. 垂序商陆 *Phytolacca americana* L.

商陆科 Phytolaccaceae　　　商陆属 *Phytolacca*

【别名】 美商陆、美洲商陆、美国商陆、洋商陆、见肿消、红籽。

【识别特征】 多年生草本。根粗壮、肥大，倒圆锥形。茎直立，圆柱形，有时带紫红色。叶片椭圆状卵形或卵状披针形，顶端急尖，基部楔形。总状花序顶生或侧生；花白色，微带红晕；花被片 5，雄蕊、心皮及花柱通常均为 10。果序下垂；浆果扁球形，熟时紫黑色；种子肾圆形。

【原产地】 北美洲。

【传入途径】 有意引入。

【分布】 中国云南各州市均有发现，全中国各地有引种或归化，欧洲、亚洲、非洲、美洲。

【生境】 路边、荒地、庭院、公园。

【物候】 自然环境中几乎可全年开花结实。

【风险评估】 Ⅰ级，恶性入侵种；常见大面积发生，形成单一优势群落，挤占本地植物生存空间，植株有毒，人畜误食会中毒。

垂序商陆

Phytolacca americana L.

1. 生境，常见于路边、荒地等，茎直立，圆柱形，有时带紫红色，果序下垂；2. 叶片椭圆状卵形或卵状披针形；3. 总状花序，花序轴常紫红色；4. 花白色，微带红晕，花被片 5，雄蕊、心皮及花柱通常均为 10；5. 浆果扁球形，幼时绿色，心皮合生

148. 二十蕊商陆　*Phytolacca icosandra* L.

商陆科 Phytolaccaceae　　　商陆属 *Phytolacca*

【别名】 商陆。

【识别特征】 多年生草本或灌木，全株无毛。根粗壮。茎圆柱形，表皮常具浅凹槽。叶片椭圆至卵圆形。花序茎生、顶生或与叶簇对生；总状花序紧密（偶松散），初时较柔软但不下垂，果期花序直立；花被片暗红色、粉色至淡黄绿色。浆果幼时绿色，熟时紫黑色，近球形；种子近球形，黑色。

【原产地】 美洲热带地区。

【传入途径】 有意引入。

【分布】 中国云南的中部地区，中国台湾、广东、云南，欧洲、亚洲、非洲、美洲。

【生境】 路边、荒地、河边。

【物候】 自然环境中几乎可全年开花结实。

【风险评估】 III级，局部入侵种；昆明地区常见大面积发生，形成单一优势群落，并有迅速扩散趋势。

二十蕊商陆

Phytolacca icosandra L.

1. 生境，常见于路边、荒地等；2. 茎圆柱形，花序茎生、顶生或与叶簇对生；3、4. 叶片椭圆至卵圆形，两面无毛；5. 总状花序紧密，偶松散；6. 果序；7～9. 花被片 5～6 枚，暗红色、粉色至淡黄绿色，心皮 7～10 枚，合生，雄蕊 14～20 枚；10. 浆果熟时紫黑色，近球形

（注：该种图片由陈超拍摄）

149. 数珠珊瑚 *Rivina humilis* L.

蒜香草科 Petiveriaceae　　　数珠珊瑚属 *Rivina*

【别名】 小商陆、蕾芬、胭脂草。

【识别特征】 半灌木。茎直立，枝开展。叶片卵形，顶端长渐尖，基部急狭或圆形，边缘有微锯齿。总状花序直立，腋生，稀顶生；花被片白色或粉红色，果时变厚、变绿，向背面弯，宿存。浆果豌豆状，红色或橙色；种子双凸镜状。

【原产地】 美洲热带地区。

【传入途径】 有意引入。

【分布】 中国云南的昆明、西双版纳等州市，中国华东、华南和西南地区，美洲、亚洲、大洋洲、非洲。

【生境】 路边荒地、郊野、林缘、花圃周边等。

【物候】 几乎可全年开花结实。

【风险评估】 Ⅲ级，局部入侵种；植株有毒，生长迅速从而排挤本土物种，危害当地的生态平衡与生物多样性。

数珠珊瑚

Rivina humilis L.

1. 生境，常见于郊野、林缘等，半灌木，茎直立，枝开展；2. 叶片卵形，边缘有锯齿；
3. 总状花序直立，腋生，花被片白色或粉红色；4. 浆果豌豆状，红色，多数

150. 紫茉莉 *Mirabilis jalapa* L.

紫茉莉科 Nyctaginaceae　　紫茉莉属 *Mirabilis*

【别名】 晚晚花、胭脂花、野丁香、白花紫茉莉、地雷花。

【识别特征】 多年生草本。根肥粗，倒圆锥形，黑色或黑褐色。茎直立，多分枝，节稍膨大。叶片卵形或卵状三角形。花常数朵簇生枝端；总苞钟形，裂片三角状卵形，宿存；花被紫红色、黄色、白色或杂色，高脚碟状。瘦果球形，黑色，表面具皱纹。

【原产地】 美洲热带地区。

【传入途径】 有意引入。

【分布】 中国云南大部分州市，中国大部分省区市有栽培，全球热带、亚热带、温带地区。

【生境】 农田、路边、荒地、园林绿地。

【物候】 花期6—10月，果期8—11月。

【风险评估】 Ⅱ级，严重入侵种；根和种子有毒，具化感作用，在野外形成单一优势群落，抑制生境中其他植物生长，危害当地的生态平衡和生物多样性。

紫茉莉

Mirabilis jalapa L.

1. 生境，常见于路边、荒地等，茎直立，多分枝，花常数朵簇生枝端；2. 幼苗，叶片卵形或卵状三角形；3～5. 总苞钟形，裂片三角状卵形，花被紫红色、黄色、白色，高脚碟状；6. 瘦果球形，黑色，表面具皱纹

151. 落葵薯 *Anredera cordifolia* (Tenore) Steenis

落葵科 Basellaceae　　落葵薯属 *Anredera*

【别名】 金钱珠、川七、藤三七。

【识别特征】 缠绕藤本。叶具短柄，叶片卵形至近圆形，顶端急尖，基部圆形或心形，稍肉质，腋生小块茎。总状花序具多花，花序轴纤细，下垂；花被片白色，渐变黑，开花时张开；雄蕊白色，花丝顶端在芽中反折，开花时伸出花外；花柱白色。

【原产地】 南美洲。

【传入途径】 有意引入。

【分布】 中国云南大部分州市，中国西南、华北、华中、华南、华东地区，美洲、亚洲、非洲。

【生境】 路边、林缘、灌木丛、河边、荒地、房前屋后等。

【物候】 花期 6—10 月。

【风险评估】 I 级，恶性入侵种；常大面积发生，植株覆盖灌丛树木，造成被覆盖植物死亡，具化感作用，抑制本土植物的生长，珠芽及根茎生存力极强，铲除困难。

落葵薯

Anredera cordifolia (Tenore) Steenis

1. 生境，常见于路边、林缘、房前屋后等，缠绕藤本、覆盖生长；2. 总状花序具多花，花序轴纤细，下垂；3、4. 叶片卵形至近圆形，稍肉质，叶具短柄；5. 花被片白色，开花时张开，花柱白色，分裂成 3 个柱头臂；6. 叶腋生小块茎，有繁殖作用

152. 落葵 *Basella alba* L.

落葵科 Basellaceae　　落葵属 *Basella*

【别名】　藤菜、木耳菜、豆腐菜、滑菜。

【识别特征】　一年生缠绕草本。茎肉质，绿色或略带紫红色。叶片卵形或近圆形，顶端渐尖，基部微心形或圆形，下延成柄，全缘。穗状花序腋生，直立；花被片淡红色或淡紫色；雄蕊着生花被筒口，花丝短，花药淡黄色；柱头椭圆形。果实球形，黑色。

【原产地】　非洲热带地区。

【传入途径】　有意引入。

【分布】　中国云南大部分地区，中国西南、华南、华东、华北地区，美洲、非洲、亚洲。

【生境】　路边、林缘、灌木丛、房前屋后等。

【物候】　花期5—9月，果期7—10月。

【风险评估】　Ⅳ级，一般入侵种；栽培为主，有时逸野，未见对生态环境造成明显影响。

落葵

Basella alba L.

1. 生境，常见于路边、房前屋后等，一年生缠绕草本；2. 幼苗，叶片卵形或近圆形，顶端渐尖，全缘；3. 穗状花序腋生，直立，花被片淡红色或淡紫色；4. 果实球形，黑色

153. 土人参 *Talinum paniculatum* (Jacq.) Gaertn.

土人参科 Talinaceae   土人参属 *Talinum*

【别名】 波世兰、力参、煮饭花、栌兰。

【识别特征】 一年生或多年生草本。茎直立，肉质。叶互生或近对生，叶片稍肉质，倒卵形或倒卵状长椭圆形。圆锥花序顶生或腋生，常二叉状分枝；总苞片绿色或近红色；萼片卵形，紫红色；花瓣粉红色或淡紫红色；花柱线形，基部具关节。蒴果近球形。种子多数，扁圆形，黑褐色或黑色，有光泽。

【原产地】 美洲热带地区。

【传入途径】 有意引入。

【分布】 中国云南中低海拔地区广布，中国西南、华东、华南、华中地区，美洲、非洲、亚洲。

【生境】 路边、林缘、灌木丛、河边、荒地、房前屋后。

【物候】 花期6—8月，果期9—11月。

【风险评估】 Ⅲ级，局部入侵种；一般性杂草，多发生于房前屋后及路边荒地，种群数量通常不大。

土人参

Talinum paniculatum (Jacq.) Gaertn.

1. 生境，常见于路边、荒地等，茎直立，圆锥花序顶生或腋生，常二叉状分枝；2. 幼苗，叶互生或近对生，稍肉质，倒卵形；3. 花瓣粉红或淡紫红色，雄蕊 15～20；4. 蒴果近球形，3 瓣裂，成熟时鲜红色

154. 大花马齿苋 *Portulaca grandiflora* Hook.

马齿苋科 Portulacaceae   马齿苋属 *Portulaca*

【别名】 太阳花、午时花、洋马齿苋。

【识别特征】 一年生草本。茎平卧或斜向上，紫红色，多分枝。叶密集枝端，不规则互生，叶片细圆柱形，叶腋常生一撮白色长柔毛。花单生或数朵簇生枝端；总苞 8～9 片，叶状，轮生，具白色长柔毛；萼片 2，淡黄绿色；花瓣 5 或重瓣，红色、紫色或黄白色。蒴果。

【原产地】 巴西。

【传入途径】 有意引入。

【分布】 中国云南各地有栽培（偶见逸野），中国西南、华东、华南、华北、东北、西北地区，全球热带和亚热带地区。

【生境】 路边、荒地、花坛、绿化带。

【物候】 花期 6—9 月，果期 8—11 月。

【风险评估】 Ⅳ级，一般入侵种；多为栽培，可见归化，通常种群数量不大。

大花马齿苋

Portulaca grandiflora Hook.

1. 生境，常见于路边、花坛等，偶有逸野；2. 茎平卧或斜向上，多分枝，叶不规则互生，细圆柱形，花单生或数朵簇生枝端，花有时橙黄色；3. 花瓣 5，红色；4. 总苞 8～9 片，叶状，具白色长柔毛，萼片 2，淡黄绿色

155. 量天尺   *Hylocereus undatus* (Haw.) Britt. & Rose

仙人掌科 Cactaceae   量天尺属 *Hylocereus*

【别名】 三棱箭、三角柱、霸王鞭、龙骨花、火龙果、霸王花。

【识别特征】 攀缘肉质灌木，具气根。分枝多数，边缘波状或圆齿状，深绿色至淡蓝绿色；小窠沿棱排列。花漏斗状，于夜间开放；花托及花托筒密被淡绿色或黄绿色鳞片；萼状花被片黄绿色，线形至线状披针形；瓣状花被片白色，长圆状倒披针形；花丝、花柱黄白色。浆果红色，长球形。

【原产地】 中美洲至南美洲北部。

【传入途径】 有意引入。

【分布】 中国云南各地有栽培（干热地区有逸野归化），中国西南、华南、华东地区，全球温暖地区有广泛引种。

【生境】 围墙边、房前屋后、农田、荒野。

【物候】 花果期 7—12 月。

【风险评估】 Ⅳ级，一般入侵种；多为栽培，少见归化，通常对生态环境影响不大。

量天尺

Hylocereus undatus (Haw.) Britt. & Rose

1. 生境，常生于围墙、房前屋后等，攀缘肉质灌木，分枝多数，边缘波状或圆齿状，小窠沿棱排列；2. 花漏斗状，萼状花被片黄绿色，瓣状花被片白色，花丝及花柱黄白色；3. 浆果红色，长球形

156. 梨果仙人掌 *Opuntia ficus-indica* (L.) Mill.

仙人掌科 Cactaceae   仙人掌属 *Opuntia*

【别名】 仙人掌、仙桃、饼金刚。

【识别特征】 肉质灌木或小乔木。分枝多数，淡绿色至灰绿色，节片宽椭圆形、倒卵状椭圆形至长圆形；小窠圆形至椭圆形（略呈垫状），通常无刺，有时具1～6根开展的白色刺（先端紫红色）；花托长圆形至长圆状倒卵形，先端截形并凹陷；萼状花被片深黄色或橙黄色，具橙黄色或橙红色中肋瓣状花被片橙黄色或橙红色。浆果椭圆球形至梨形，顶端凹陷，表面平滑无毛，未熟时绿色，熟时橙黄色。

【原产地】 墨西哥。

【传入途径】 有意引入。

【分布】 中国云南各州市（尤以干热河谷地带较为常见），中国西南、华南、华东地区，全球温暖地区。

【生境】 房前屋后、山坡、路边、干热河谷、河边和崖壁。

【物候】 花期4—6月。

【风险评估】 Ⅱ级，严重入侵种；在干热河谷和干旱山坡常形成单一优势群落，发生量较大，植株有刺，易对人畜造成伤害。

梨果仙人掌

Opuntia ficus-indica (L.) Mill.

1～3. 生境，常生于田野、山坡和崖壁，也偶有种植，灌木状，浆果熟时橙黄色，位于茎顶端，多数；4. 节片宽椭圆形，具多数小窠；5. 小窠圆形至椭圆形（略呈垫状），通常无刺，有时具1～6根开展的白色刺（先端紫红色）；6～8. 瓣状花被片橙黄色或橙红色，子房下位，长圆形，雄蕊黄色，花柱及柱头淡绿色至黄白色；9. 浆果密集生长，椭圆球形至梨形

157. 单刺仙人掌

Opuntia monacantha (Willd.) Haw.

仙人掌科 Cactaceae   仙人掌属 *Opuntia*

【别名】 绿仙人掌、扁金铜、仙人掌。

【识别特征】 肉质灌木或小乔木。分枝多数，开展，节片倒卵形、倒卵状长圆形或倒披针形，先端圆形，基部渐狭至柄状，具短绵毛、倒刺刚毛和刺；刺针状，单生或2～3根聚生。花辐状；花托倒卵形；萼状花被片浅红色，外面具红色中肋；瓣状花被片深黄色。浆果梨形或倒卵球形。

【原产地】 南美洲。

【传入途径】 有意引入。

【分布】 中国云南各地有栽培（干热地区常有逸野），中国西南、华南、华东、华北、东北地区，全球热带、亚热带地区。

【生境】 干热河谷、河边、崖壁、村庄周围。

【物候】 花期4—5月。

【风险评估】 Ⅲ级，局部入侵种；植株有刺，容易对人畜造成伤害。

单刺仙人掌

Opuntia monacantha (Willd.) Haw.

1. 多年生肉质灌木状草本，生于路边、荒地、灌丛等，分枝多数；2. 茎叶嫩时薄而波皱，鲜绿而有光泽；3. 花辐状，生于顶端，萼状花被片浅红色，瓣状花被片深黄色；4. 浆果梨形或倒卵球形，生于茎顶端及边缘，多数

158. 苏丹凤仙花 *Impatiens walleriana* Hook. f.

凤仙花科 Balsaminaceae   凤仙花属 *Impatiens*

【别名】 非洲凤仙花。

【识别特征】 多年生肉质草本。茎粗壮、肉质，茎节常膨大；叶互生或上部螺旋状排列，叶片宽椭圆形或卵形，顶端尖，叶柄基部具腺体。花生于枝顶排列成总状，花梗细弱，基部有苞片，苞片线状披针形或钻形，先端锐尖；侧生萼片 2，下部萼片舟状，基部收缩；花瓣花色多样，红色、深红色、粉红色、紫红色或有时白色。蒴果纺锤形，无毛。

【原产地】 非洲。

【传入途径】 有意引入，作为观赏植物引入栽培。

【分布】 中国云南大部分地区有栽培（南部、西南部有逸野），中国西南、华南、华东、华北地区，美洲、非洲、亚洲、大洋洲。

【生境】 常见于路边、水沟边、公园等。

【物候】 花果期 6—10 月。

【风险评估】 Ⅴ级，有待观察种；多为栽培，偶见逸野，发生量通常不大，对环境影响较小，易于防控。

苏丹凤仙花

Impatiens walleriana Hook. f.

1. 生境，常生于池塘、水沟边等，多年生草本，茎粗壮、肉质，茎节常膨大；2. 叶互生，枝顶常簇生，叶片宽椭圆形或卵形，先端渐尖，总花序生于茎、枝上部叶腋，通常具 2 花，稀具 3～5 花，或有时具 1 花，花梗细，基部具苞片；3. 花瓣常 5，粉红色或橙色，单瓣或重瓣

159. 盖裂果 *Mitracarpus hirtus* (L.) DC.

茜草科 Rubiaceae　　盖裂果属 *Mitracarpus*

【别名】 不详。

【识别特征】 直立草本，被毛，分枝。叶无柄，长圆形或披针形，正面粗糙，背面被毛；托叶鞘形，顶端刚毛状。花细小，簇生于叶腋内，有线形与萼近等长的小苞片；花冠漏斗形，管内和喉部均无毛。果近球形，表皮粗糙或被疏短毛。

【原产地】 美洲热带地区。

【传入途径】 无意中引入。

【分布】 中国云南大部分中低海拔地区（热带地区较为常见），中国西南、华南、华东、华北地区，全球热带、亚热带地区。

【生境】 农田、河岸、林缘、路旁、村庄周边、荒地等。

【物候】 花期 4—6 月。

【风险评估】 Ⅱ级，严重入侵种；常发生于路边、河边等区域，影响生态平衡和生物多样性，有时发生量较大。

盖裂果

Mitracarpus hirtus (L.) DC.

1. 生境，常见于路边、空旷地等，直立、分枝；2. 叶无柄，长圆形或披针形，背面被毛，叶背侧脉清晰；3、4. 花细小，白色，簇生于叶腋和枝顶，有线形与萼近等长的小苞片，花冠漏斗形

160. 田茜 *Sherardia arvensis* L.

茜草科 Rubiaceae   田茜属 *Sherardia*

【别名】 雪亚迪草。

【识别特征】 一年生草本。茎四棱形，被短硬毛，多分枝。叶 4～6 片轮生，无柄，披针形，先端锐尖或渐尖，全缘，具缘毛。聚伞花序顶生或腋生，每花序具 2～3 花，花序下部常 6～8 枚苞片基部合生成总苞；花萼 6 浅裂，被短毛（宿存）；花冠漏斗状，4 裂，紫色。小坚果卵球形。

【原产地】 欧洲及西亚。

【传入途径】 无意中引入。

【分布】 中国云南的昆明、保山、怒江（福贡）等地，中国台湾、湖南、江苏及西南地区，美洲、非洲、亚洲、大洋洲。

【生境】 草坪、耕地、田野边。

【物候】 花期 5—6 月，果期 7—10 月。

【风险评估】 IV级，一般入侵种；一般性杂草，常与草坪草、牧草、田间杂草混生，种子小、数量多，极易传播和繁殖。

田茜

Sherardia arvensis L.

1. 生境，常见于草坪、田地等，一年生草本，多分枝；2. 茎四棱形，被短硬毛，叶 4～6 片轮生，全缘，具缘毛；3. 聚伞花序顶生，花冠漏斗状，4 裂，紫色；4. 花序下部常 6～8 枚苞片基部合生成总苞；5. 小坚果卵球形，常具 2 分果

161. 阔叶丰花草 *Spermacoce alata* Aublet

茜草科 Rubiaceae   钮扣草属 *Spermacoce*

【别名】 四方骨草。

【识别特征】 披散草本，被毛；茎和枝均为明显的四棱柱形，棱上具狭翅。叶椭圆形或卵状长圆形。花数朵丛生于托叶鞘内，无梗；小苞片略长于花萼；萼檐 4 裂；花冠漏斗形，浅紫色，罕有白色，里面被疏散柔毛，基部具 1 毛环，顶部 4 裂。蒴果椭圆形，被毛，成熟时从顶部纵裂至基部。

【原产地】 南美洲。

【传入途径】 无意中引入。

【分布】 中国云南南部、西南部、东南部，中国西南、华南、华东地区，欧洲、亚洲、南美洲。

【生境】 农田、路边荒地、园林绿地。

【物候】 花果期 5—7 月。

【风险评估】 Ⅲ级，局部入侵种；常发生于各类生境，影响农作物生长和生物多样性。

阔叶丰花草

Spermacoce alata Aublet

1. 生境，常见于农田、路边、荒地、林缘等，茎直立；2. 茎和枝均为明显的四棱柱形，棱上具狭翅，叶对生，椭圆形或卵状长圆形；3. 托叶膜质，被粗毛，顶部有数条长于鞘的刺毛；4. 花数朵丛生于托叶鞘内，花萼 4 裂，花冠漏斗形，白色

162. 光叶丰花草　*Spermacoce remota* Lam.

茜草科 Rubiaceae　　钮扣草属 *Spermacoce*

【别名】 光叶鸭舌癀舅。

【识别特征】 多年生草本或半灌木，无毛；茎近圆柱状到近方形，具槽或脊，常无毛。叶狭椭圆形到披针形，被微柔毛。花数朵丛生于托叶鞘内，无梗；小苞片略长于花萼；萼檐4裂；花冠漏斗形，白色。蒴果椭圆形。

【原产地】 美洲热带地区。

【传入途径】 无意中引入。

【分布】 中国云南东南部、南部、西南部，中国西南、华东、华南地区，非洲、亚洲、大洋洲、美洲。

【生境】 路边、荒地、农田等。

【物候】 花果期5—7月。

【风险评估】 Ⅲ级，局部入侵种；常发生于各类生境，发生量不大，影响农作物生长和生物多样性。

光叶丰花草

Spermacoce remota Lam.

1. 生境，常见于路边、荒地等，多年生草本，茎斜伸至直立，叶对生；2、3. 叶狭椭圆形到披针形，被微柔毛；4. 花数朵丛生于托叶鞘内，无梗，花萼萼檐 4 裂，花冠漏斗形，白色

163. 马利筋 *Asclepias curassavica* L.

夹竹桃科 Apocynaceae　　　马利筋属 *Asclepias*

【别名】 芳草花、莲生桂子花、水羊角、莲生桂子、唐棉。

【识别特征】 多年生直立草本，灌木状。叶膜质，披针形至椭圆状披针形，顶端短渐尖或急尖，基部楔形而下延至叶柄。聚伞花序顶生或腋生；花冠常红色，裂片长圆形，反折；副花冠生于合蕊冠上，5 裂，黄色。蓇葖果披针形。种子卵圆形，顶端具白色绢质种毛。

【原产地】 美洲热带地区。

【传入途径】 有意引入。

【分布】 中国云南中低海拔地区（干热河谷地区常见），中国南方各省区市，全球热带、亚热带地区。

【生境】 农田、路边、荒地、河谷。

【物候】 花期几乎全年，果期 8—12 月。

【风险评估】 Ⅲ级，局部入侵种；通常发生于居民区、道路两旁、建筑工地等受人为干扰的生境，种群数量不多。

马利筋

Asclepias curassavica L.

1. 生境，常见于路边、荒地、河谷等，多年生直立草本；2、3. 叶膜质，披针形至椭圆状披针形，侧脉明显；4. 聚伞花序顶生或腋生，花冠红色，裂片长圆形，反折，副花冠生于合蕊冠上，5 裂，黄色；5.蓇葖披针形

164. 长春花 *Catharanthus roseus* (L.) G. Don

夹竹桃科 Apocynaceae　　长春花属 *Catharanthus*

【别名】 日春花、日日新。

【识别特征】 半灌木；茎近方形，有条纹。叶膜质，倒卵状长圆形。聚伞花序腋生或顶生，有花 2～3 朵；花萼 5 深裂，萼片披针形或钻状渐尖；花冠粉色，高脚碟状，花冠筒圆筒状；花冠裂片宽倒卵形；雄蕊着生于花冠筒的上半部。蓇葖双生，直立，种子黑色，长圆状圆筒形，两端截形。

【原产地】 马达加斯加。

【传入途径】 有意引入。

【分布】 中国云南各地有栽培（偶有逸野），中国西南、华南及华东地区，中南美洲、非洲、亚洲、大洋洲。

【生境】 农田、路边、村庄周边、荒地等。

【物候】 花果期几乎全年。

【风险评估】 Ⅳ级，一般入侵种；逸生于各类受人为干扰的环境，在干热河谷区域形成单一优势群落，抑制其他植物生长。

长春花

Catharanthus roseus (L.) G. Don

1. 生境，常见于农田、路边、花坛等，半灌木，茎近方形，叶膜质，倒卵状长圆形；2. 聚伞花序，有花 2～3 朵，花冠粉色，裂片 5，宽倒卵形，花瓣基部深紫色，花冠高脚碟状；3. 萼片披针形或钻状渐尖，花冠筒圆筒状

165. 钉头果　*Gomphocarpus fruticosus* (L.) W. T. Aiton

夹竹桃科 Apocynaceae　　钉头果属 *Gomphocarpus*

【别名】气球果。

【识别特征】灌木。叶线形，顶端渐尖，基部渐狭而成叶柄，无毛，叶缘反卷。聚伞花序生于枝的顶端叶腋间，着花多朵；花萼裂片披针形；花蕾圆球状；花冠宽卵圆形或宽椭圆形，反折；副花冠红色兜状。外果皮具软刺。

【原产地】地中海。

【传入途径】有意引入。

【分布】中国云南中部、南部等州市，中国台湾、华北、华南、西南等地，亚洲、非洲、大洋洲、美洲。

【生境】路边、荒野、山坡、绿地。

【物候】花期夏季，果期秋季。

【风险评估】Ⅲ级，局部入侵种；多见逸生于路边和荒野，发生量通常不大，危害一般。

钉头果

Gomphocarpus fruticosus (L.) W. T. Aiton

1. 生境，常见于荒野、山坡等，灌木；2. 植株具乳汁；3. 聚伞花序生于枝的顶端叶腋间，着花多朵；4. 花苞，花萼裂片披针形；5、6. 副花冠红色兜状，花冠宽卵圆形或宽椭圆形，反折；7、8. 蓇葖果肿胀，卵圆状，外果皮具长软刺；9、10. 种子卵圆形，顶端具白色绢质种毛

166. 夹竹桃 *Nerium oleander* L.

夹竹桃科 Apocynaceae   夹竹桃属 *Nerium*

【别名】 红花夹竹桃、柳叶桃树、洋桃、叫出冬、柳叶树、洋桃梅、枸那。

【识别特征】 常绿直立大灌木；枝条灰绿色，嫩枝条具棱，被微毛，老时毛脱落。叶轮生，正面深绿色，叶背浅绿色，叶正面中脉凹陷。聚伞花序顶生，花芳香；花萼 5 深裂，花冠深红色或粉红色。蓇葖果 2，离生，平行或并连，长圆形；种子长圆形。

【原产地】 中亚至南亚。

【传入途径】 有意引入。

【分布】 中国云南各地有栽培，中国各省区市有栽培（尤以南方为多），全球热带、亚热带地区有广泛栽培和逸野。

【生境】 路边、公园、水边、绿地。

【物候】 花期几乎全年，果期冬春季。

【风险评估】 Ⅳ级，一般入侵种；多为栽培，可见逸生于路边和荒野，发生量通常不大，危害一般。

夹竹桃

Nerium oleander L.

1. 生境，常见于路边、公园等，常绿直立大灌木，叶正面中脉凹陷；2. 聚伞花序顶生，花萼 5 深裂，花冠深红色或粉红色；3. 花瓣有时重瓣，红色；4. 蓇葖果，离生，长圆形

167. 黄花夹竹桃

Thevetia peruviana (Pers.) K. Schum.

夹竹桃科 Apocynaceae　　黄花夹竹桃属 *Thevetia*

【别名】 酒杯花、柳木子、黄花状元竹。

【识别特征】 小乔木或灌木；树皮棕褐色，皮孔明显；枝条柔软，小枝下垂；全株具丰富乳汁。叶互生，近革质，无柄，线形或线状披针形。花大，黄色，具香味，聚伞花序；花萼绿色，花冠漏斗状，花冠裂片向左覆盖，比花冠筒长。核果扁三角状球形。

【原产地】 美洲热带和亚热带地区。

【传入途径】 有意引入。

【分布】 中国云南南部、东南部、西南部等州市，中国华东、华中、华南、西南地区，亚洲、非洲、美洲。

【生境】 路边、荒野、山坡、房前屋后。

【物候】 花期 5—12 月，果期 8 月—翌年春季。

【风险评估】 Ⅲ级，局部入侵种；多见逸生于路边和荒山，局部可形成优势群落，对生物多样性造成影响，且植株有毒。

黄花夹竹桃

Thevetia peruviana (Pers.) K. Schum.

1. 生境，生于路边、荒野等，小灌木，枝条柔软，小枝下垂；2、3. 花大，黄色，聚伞花序，花萼绿色，花冠漏斗状，花冠裂片螺旋状着生；4. 核果扁三角状球形

168. 蓝蓟　*Echium vulgare* L.

紫草科 Boraginaceae　　蓝蓟属 *Echium*

【别名】 宝石塔、蓝草、蓝魔。

【识别特征】 二年生草本。茎有开展的长硬毛和短密伏毛，通常多分枝。基生叶和茎下部叶线状披针形，两面有长糙伏毛；茎上部叶较小，披针形，无柄。花序狭长，花多数，较密集；苞片狭披针形，外面有长硬毛，裂片披针状线形；花冠斜钟状，蓝紫色。小坚果卵形。

【原产地】 欧洲至中国新疆。

【传入途径】 有意引入。

【分布】 中国云南的昆明、曲靖、楚雄等州市，中国大多数省区市有栽培（新疆有野生），西亚、东亚、美洲、非洲、欧洲。

【生境】 路边、房前屋后、荒野。

【物候】 花果期 7—9 月。

【风险评估】 Ⅲ级，局部入侵种；初仅小范围栽培观赏，后逸野，对生态环境造成一定危害。

蓝蓟

Echium vulgare L.

1. 生境，生于路边、荒野等，通常多分枝；2. 茎有开展的长硬毛和短密伏毛；3. 茎下部叶线状披针形，有长糙伏毛；4. 花序狭长，花多数，较密集；5. 苞片狭披针形，有长硬毛，花冠斜钟状，蓝紫色，花药紫黑色；6. 小坚果卵形

169. 大尾摇 *Heliotropium indicum* L.

紫草科 Boraginaceae   天芥菜属 *Heliotropium*

【别名】 鱿鱼草、斑草、猫尾草、象鼻癀、象鼻草，墨鱼须草、大狗尾、象鼻花。

【识别特征】 一年生草本。茎直立，粗壮，多分枝，被糙伏毛。叶片卵形或椭圆形，边缘稍有锯齿或略呈波状。蝎尾状聚伞花序，细长弯曲，顶生或与叶对生；花小而密集，花冠浅蓝色，高脚碟状。核果卵形，有纵肋。

【原产地】 南美洲。

【传入途径】 无意中引入。

【分布】 中国云南西南部、南部，中国西南、华南、华东、华中地区，全球热带和亚热带地区。

【生境】 山地、路边、河沿及空旷荒草地。

【物候】 花期 4—7 月，果期 8—10 月。

【风险评估】 Ⅲ级，局部入侵种；多见于受人为干扰较大的区域，数量较多，生长普遍。

大尾摇

Heliotropium indicum L.

1. 生境，生于山地及空旷荒草地等，茎直立、粗壮，多分枝，被糙伏毛；2. 叶片卵形或椭圆形，边缘稍有锯齿或略呈波状；3. 蝎尾状聚伞花序，先端内卷，花小密集，花冠浅蓝色，高脚碟状

170. 聚合草 *Symphytum officinale* L.

紫草科 Boraginaceae　　　聚合草属 *Symphytum*

【别名】 友谊草、爱国草。

【识别特征】 丛生型多年生草本，全株被硬毛和短伏毛。基生叶通常50～80 片，叶片带状披针形、卵状披针形至卵形。花序含多数花；花萼裂至近基部；花冠淡紫色、紫红色，裂片三角形，先端外卷，喉部附属物披针形。小坚果歪卵形，黑色。

【原产地】 欧洲、西亚。

【传入途径】 有意引入。

【分布】 中国云南各州市均有发现，中国西南、华北、华东、华中、西北、东北地区，欧洲、美洲、非洲、亚洲。

【生境】 路边、荒地、农田、房前屋后。

【物候】 花期 5—10 月。

【风险评估】 Ⅳ级，一般入侵种；多见逸生于路边和荒野，影响本地生物多样性，总体发生量不大，易于防控。

聚合草

Symphytum officinale L.

1. 生境，常见于荒地、农田等；2. 丛生型多年生草本，基生叶多数，叶片带状披针形、卵状披针形；3～5. 花序含多数花，花萼裂至近基部，花冠淡紫色、紫红色，裂片三角形，先端外卷，花柱伸出

171. 短梗土丁桂 *Evolvulus nummularius* (L.) L.

旋花科 Convolvulaceae   土丁桂属 *Evolvulus*

【别名】 美洲土丁桂、云南土丁桂。

【识别特征】 多年生草本。茎纤细，多节，节上生根，多分枝，全株密被灰褐色或锈色绢毛。单叶全缘，2 列互生，几无柄，椭圆形或近圆形，基部近心形或圆形，两面密被黄褐色长柔毛。花 1～2 朵腋生，花梗极短；苞片线形，萼片宿存，长卵形至长圆形，背面被柔毛；花冠白色，漏斗状，冠檐 5 裂。蒴果卵球形，表面平滑。

【原产地】 中美洲和南美洲。

【传入途径】 无意中引入。

【分布】 中国云南的红河（泸西）等地，中国台湾、广西、云南，全球热带和亚热带地区。

【生境】 河流和湖泊的边缘、沙地、荒地。

【物候】 花期全年。

【风险评估】 Ⅳ级，一般入侵种；一般性杂草，种群数量不大，与本地物种存在一定的竞争关系，影响当地生态系统。

短梗土丁桂

Evolvulus nummularius (L.) L.

1. 生境，生于河流和湖泊的边缘、沙地、荒地等，全株密被灰褐色或锈色绢毛；2. 单叶全缘，2 列互生，几无柄，叶片椭圆状或近圆形，叶尖钝形，基部近心形或圆形；3. 花白色，腋生，花瓣 5 裂，白色，漏斗状；4. 蒴果卵球形

（注：该种图片由陈超拍摄）

172. 五爪金龙 *Ipomoea cairica* (L.) Sweet

旋花科 Convolvulaceae　　　番薯属 *Ipomoea*

【别名】 假土瓜藤、黑牵牛、牵牛藤、上竹龙、五爪龙。

【识别特征】 多年生缠绕草本，全体无毛。茎细长，有细棱，有时有小疣状突起。叶掌状 5 深裂或全裂，裂片卵状披针形、卵形或椭圆形，中裂片较大，两侧裂片稍小。聚伞花序腋生，具 1～3 花，或偶有 3 朵以上。花冠紫红色、紫色或淡红色，偶有白色，漏斗状。蒴果近球形，4 瓣裂。种子黑色。

【原产地】 非洲热带地区、亚洲热带地区。

【传入途径】 有意引入。

【分布】 中国云南中低海拔地区，中国华东、华南、西南、西北地区，亚洲、非洲、大洋洲、美洲。

【生境】 路边、溪边、林缘、荒地、园林、绿地、房前屋后。

【物候】 花期 5—10 月。

【风险评估】 Ⅱ级，严重入侵种；云南热带地区常大面积发生，形成单一优势群落，缠绕覆盖本土植物（甚至致其死亡），具有化感作用，抑制生境中其他植物生长。

五爪金龙

Ipomoea cairica (L.) Sweet

1、2. 生境，常见于荒地、园林、绿地等，多年生缠绕草本；3. 茎细长，叶掌状 5 深裂或全裂，基部的 2 个裂片有时会再分裂；4. 花冠紫红色，漏斗状，喉部深紫色；5. 雄蕊不等长，花柱纤细，长于雄蕊

173. 橙红茑萝　*Ipomoea cholulensis* Kunth

旋花科 Convolvulaceae　　番薯属 *Ipomoea*

【别名】 圆叶茑萝。

【识别特征】 一年生草本。茎缠绕，无毛。叶心形，边缘为多角形，或有时多角状深裂。聚伞花序腋生，有花 3～6 朵，总花梗细弱，较叶柄长，有 2 苞片；萼片 5，卵状长圆形；花冠高脚碟状，橙红色，喉部带黄色；雄蕊 5，显露于花冠之外，花丝丝状，基部肿大；雌蕊稍长于雄蕊，花柱丝状，柱头 2 裂。蒴果小，球形。

【原产地】 中美洲。

【传入途径】 有意引入。

【分布】 中国云南西部和南部大部分地区有栽培（有逸野），中国西南、西北、东北、华北、华中、华东、华南地区，全球热带及部分温带地区。

【生境】 路边、房前屋后、农林绿化带周边。

【物候】 花期 7—9 月。

【风险评估】 Ⅲ级，局部入侵种；栽培为主，部分逸为野生，对当地生态环境造成一定影响。

橙红茑萝

Ipomoea cholulensis Kunth

1. 生境，常见于路边、房前屋后等，茎缠绕；2、3. 叶心形，边缘为多角形；4. 聚伞花序腋生，有花 3～6 朵，总花梗细弱，较叶柄长；5. 花冠高脚碟状，橙红色，雄蕊 5，显露于花冠之外；6. 萼片、柱头宿存，蒴果小，球形

174. 牵牛　*Ipomoea nil* (L.) Roth

旋花科 Convolvulaceae　　　番薯属 *Ipomoea*

【别名】 大牵牛花、勤娘子、筋角拉子、喇叭花、牵牛花。

【识别特征】 一年生草质藤本。茎上被倒向的短柔毛及杂有倒向或开展的长硬毛。叶宽卵形或近圆形，深或浅 3 裂，偶 5 裂，中间裂片长圆形或卵圆形，两侧裂片较短，三角形，叶面或疏或密被微硬的柔毛。花常单朵腋生，或 2 朵生于花序梗顶；萼片近等长，披针状线形；花冠蓝紫色或紫红色，花冠管色淡。蒴果近球形，3 瓣裂。种子卵状三棱形，被褐色短绒毛。

【原产地】 美洲。

【传入途径】 有意引入，作为观赏花卉引入栽培。

【分布】 中国云南中低海拔地区，中国西南、西北、华北、华中、华东、东北地区，全球热带、亚热带地区。

【生境】 路边、溪边、荒地、园林绿地。

【物候】 花期 5—10 月。

【风险评估】 Ⅳ级，一般入侵种；多作为观赏植物栽培，常见归化，种群数量及危害程度均远不及圆叶牵牛。

牵牛

Ipomoea nil (L.) Roth

1. 生境，生于路边、荒地等，一年生草质藤本，叶宽卵形或近圆形，深或浅 3 裂，中间裂片较长，两侧较短，叶面被柔毛，花常单朵腋生；2、3. 苞片线形，被开展的硬毛，萼片与苞片同形，花冠漏斗状，蓝紫色，花冠管浅蓝色至白色，雄蕊与花柱内藏

175. 圆叶牵牛 *Ipomoea purpurea* (L.) Roth

旋花科 Convolvulaceae　　番薯属 *Ipomoea*

【别名】 紫花牵牛、打碗花、连簪簪、牵牛花、心叶牵牛。

【识别特征】 一年生缠绕草本。叶圆心形或宽卵状心形，两面疏或密被刚伏毛。花腋生，单一或 2～5 朵着生于花序梗顶端成伞形聚伞花序；花冠漏斗状，紫红色、红色或白色，花冠管通常白色，瓣中带内面色深、外面色淡。蒴果近球形，3 瓣裂。种子卵状三棱形，被极短的糠粃状毛。

【原产地】 美洲。

【传入途径】 有意引入，作为观赏花卉引入栽培。

【分布】 中国云南各州市广布，中国西南、西北、华北、华中、华东、东北地区，全球热带、亚热带地区。

【生境】 路边、溪边、林缘、荒地、园林绿地。

【物候】 花期 5—10 月。

【风险评估】 Ⅰ级，恶性入侵种；恶性杂草，在各种环境均能大面积发生，形成单一优势群落，缠绕本土植物，使其不能进行光合作用而死亡，与农作物竞争，造成农作物大量减产。

圆叶牵牛

Ipomoea purpurea (L.) Roth

1、2. 生境，常见于路边、荒地等，缠绕草本；3、4. 叶圆心形或宽卵状心形，两面被毛，具叶柄；5～8. 花冠漏斗状，常为红色、紫色和白色；9. 萼片 5，具长柔毛；10. 苞片线形，具长柔毛；11. 雄蕊 5，不等长，花丝基部被柔毛；12. 蒴果近球形，被萼片包裹

176. 茑萝

Ipomoea quamoclit L.

旋花科 Convolvulaceae　　　番薯属 *Ipomoea*

【别名】 金丝线、锦屏封、五角星花、羽叶茑萝、茑萝松。

【识别特征】 一年生柔弱缠绕草本，无毛。叶卵形或长圆形，羽状深裂至中脉，具10～18对线形至丝状的平展的细裂片，裂片先端锐尖；叶柄基部常具假托叶。花序腋生，由少数花组成聚伞花序，花直立，花柄长于花萼；萼片绿色，椭圆形至长圆状匙形，不等长；花冠高脚碟状，深红色，5浅裂，雄蕊及花柱伸出，花丝基部具毛。蒴果卵形，4瓣裂，隔膜宿存，透明。

【原产地】 美洲热带地区。

【传入途径】 有意引入，作为观赏花卉引入栽培。

【分布】 中国云南东南部、南部、西南部，中国华南、华东、西南、西北、华北、华中、东北地区，美洲、非洲、亚洲、澳大利亚。

【生境】 路边、房前屋后、绿化带、庭院等。

【物候】 花期7—10月。

【风险评估】 Ⅲ级，局部入侵种；大部分为栽培，部分逸为野生，对生态环境造成一定影响。

茑萝

Ipomoea quamoclit L.

1. 生境，常见于路边、房前屋后等，一年生柔弱缠绕草本，无毛；2、3. 叶卵形或长圆形，羽状深裂至中脉，具 10～18 对线形至丝状的平展的细裂片；4. 花冠高脚碟状，深红色，5 浅裂，雄蕊及花柱伸出

177. 三裂叶薯 *Ipomoea triloba* L.

旋花科 Convolvulaceae   番薯属 *Ipomoea*

【别名】 小花假番薯、红花野牵牛。

【识别特征】 一年生草本。茎缠绕或有时平卧，无毛或散生毛（主要在节上）。叶宽卵形至圆形，全缘或有粗齿或深 3 裂，基部心形。花序腋生，单花或少花至数朵花成伞形状聚伞花序；花梗多少具棱，有小瘤突；花冠淡红色或淡紫红色，冠檐裂片短而钝，有小短尖头。蒴果近球形，被细刚毛，4 瓣裂。种子 4 或较少，无毛。

【原产地】 美洲。

【传入途径】 有意引入。

【分布】 中国云南东南部、南部、西南部，中国西南、西北、华中、华东、东北、华南地区，美洲、非洲、亚洲、澳大利亚。

【生境】 路边、溪边、荒地。

【物候】 花期 5—10 月。

【风险评估】 Ⅲ级，局部入侵种；繁殖能力强，常形成单一优势群落，破坏生态环境。

三裂叶薯

Ipomoea triloba L.

1. 生境，常见于路边、荒地等，茎缠绕或有时平卧；2. 叶宽卵形至圆形，全缘或有粗齿或深 3 裂，基部心形；3. 花冠淡红色，冠檐裂片短而钝，有小短尖头

178. 夜香树 *Cestrum nocturnum* L.

茄科 Solanaceae　　夜香树属 *Cestrum*

【别名】 夜来香、夜丁香。

【识别特征】 直立或近攀缘状灌木，全体无毛，枝条细长而下垂。叶有短柄，叶片矩圆状卵形或矩圆状披针形，全缘，顶端渐尖，基部近圆形或宽楔形。伞房式聚伞花序，腋生或顶生，疏散，多花；花绿白色至黄绿色。花萼钟状，裂片长约为筒部的 1/4；花冠高脚碟状；花柱伸达花冠喉部。浆果矩圆状，种子长卵形。

【原产地】 中美洲。

【传入途径】 有意引入。

【分布】 中国云南各地有栽培（偶见逸野），中国西南、华东、华南、华北地区，东亚、东南亚、南亚、非洲、中美洲、大洋洲。

【生境】 庭院、水塘边、路边、房前屋后。

【物候】 花期 7—12 月。

【风险评估】 Ⅳ级，一般入侵种；多作为观赏植物栽培，逸野和归化较少。

夜香树

Cestrum nocturnum L.

1. 植株全体无毛，枝条细长而下垂；2. 叶有短柄，叶片矩圆状卵形；3. 伞房式聚伞花序，腋生，多花，花绿白色至黄绿色，花萼钟状，花冠高脚碟状，裂片5，直立或稍开张，卵形，顶端急尖

179. 树番茄　*Cyphomandra betacea* Sendt.

茄科 Solanaceae　　树番茄属 *Cyphomandra*

【别名】 缅茄。

【识别特征】 小乔木或灌木状；茎上部分枝，枝粗壮，密生短柔毛。叶卵状心形，顶端短渐尖或急尖，基部偏斜，有深弯缺。2～3 歧分枝蝎尾式聚伞花序，近腋生或腋外生；花萼辐状，5 浅裂；花冠辐状，粉红色，深 5 裂。果实卵状，多汁液，橘黄色或带红色。种子圆盘形，有狭翼。

【原产地】 南美洲。

【传入途径】 有意引入。

【分布】 中国云南大部分中低海拔地区有栽培（南部有逸野），中国广西、台湾及西南地区，全球热带和亚热带地区有引种。

【生境】 庭院、路边、荒地、农田以及林中旷地。

【物候】 全年均会开花结果。

【风险评估】 Ⅳ级，一般入侵种；栽培为主，南部地区逸野，对环境危害小。

树番茄

Cyphomandra betacea Sendt.

1. 生境，生于庭院、路边等，小乔木或灌木状，茎上部分枝，枝粗壮，叶卵形；2、3. 花冠辐状，粉红色，深 5 裂，裂片披针形；雄蕊围于花柱而靠合，花柱稍长于雄蕊；4. 果实卵状，表面光滑，果梗粗硬，未成熟时绿色，熟时橘黄色或带红色

180. 毛曼陀罗 *Datura innoxia* Mill.

茄科 Solanaceae　　曼陀罗属 *Datura*

【别名】 串筋花、软刺曼陀罗、毛花曼陀罗、北洋金花。

【识别特征】 一年生直立草本或半灌木状，全体密被细腺毛和短柔毛。叶片阔卵形。花单生于枝杈间或叶腋；花萼圆筒状而不具棱角，裂片花后宿存部分随果实增大而渐呈五角形；花冠长漏斗状，边缘有 10 尖头，下半部带淡绿色，上部白色。蒴果密生细针刺，全果亦密生白色柔毛，种子扁肾形，褐色。

【原产地】 北美洲南部。

【传入途径】 有意引入。

【分布】 中国云南大部分地区（中低海拔地区常见），中国除东北和青藏地区外均有分布，全球热带、亚热带至温带地区。

【生境】 路边、荒地、农田、山坡等。

【物候】 花果期 6—9 月。

【风险评估】 Ⅲ级，局部入侵种；常见成片发生于路边、荒地等区域，发生面积有限，防控难度不大。

毛曼陀罗

Datura innoxia Mill.

1. 生境，生于路边、荒地等，全体密被细腺毛和短柔毛；2、3. 叶片阔卵形；4. 茎粗壮，密被毛；5、6. 花常单生于枝杈间或叶腋，萼片筒状，花开放后呈喇叭状，边缘有 10 尖头；7. 蒴果密生细针刺毛，刺毛柔软，全果亦密生白色柔毛

181. 洋金花 *Datura metel* L.

茄科 Solanaceae　　曼陀罗属 *Datura*

【别名】 枫茄花、枫茄子、闹羊花、冲天子。

【识别特征】 一年生直立草木而呈半灌木状，全体近无毛。叶卵形或广卵形，边缘近全缘或浅波状。花单生于枝杈间或叶腋；花萼筒状，裂片果时宿存部分增大成浅盘状；花冠白色、黄色或浅紫色；子房疏生短刺毛。蒴果，疏生粗短刺。

【原产地】 中美洲。

【传入途径】 有意引入。

【分布】 中国云南南部至中部地区，中国大部分省区市，全球热带、亚热带及温带地区有普遍栽培或归化。

【生境】 路边、河边、农田、向阳山坡（草地）。

【物候】 花果期3—12月。

【风险评估】 Ⅲ级，局部入侵种；常见成片发生于路边、河边等区域，发生面积有限，防控难度不大。

洋金花

Datura metel L.

1. 生境，生于农田、路边等，一年生直立草木而呈半灌木状，全体近无毛；2. 叶卵形或广卵形，边缘近全缘或浅波状，花单生于枝杈间或叶腋，花萼筒状，花冠长漏斗状，向上扩大呈喇叭状，白色；3、4. 蒴果近球状或扁球状，疏生短刺，不规则 4 瓣裂，种子淡褐色

182. 曼陀罗 *Datura stramonium* L.

茄科 Solanaceae　　曼陀罗属 *Datura*

【别名】 野麻子、洋金花、万桃花、狗核桃、枫茄花。

【识别特征】 草本或半灌木状。叶广卵形，顶端渐尖，基部不对称楔形，边缘有不规则波状浅裂。花单生于枝杈间或叶腋，直立，有短梗；花萼筒状，筒部有 5 棱角；花冠漏斗状，裂片具短尖头；花冠下半部带绿色，上部白色或淡紫色。蒴果直立，卵圆形，被坚硬针刺或无刺，规则 4 瓣裂。种子卵圆形，黑色，稍扁。

【原产地】 中美洲。

【传入途径】 有意引入。

【分布】 中国云南大部分州市，中国大部分省区市，亚洲、非洲、欧洲、美洲、大洋洲。

【生境】 路边、旱地、宅旁、向阳山坡、草地。

【物候】 花期 6—10 月，果期 7—11 月。

【风险评估】 Ⅱ级，严重入侵种；全株有毒，人畜误食甚至会致死，常在农田、路边等区域大面积发生，危害较严重，但总体可以防控。

曼陀罗

Datura stramonium L.

1. 生境，生于路边、旱地、河谷等；2、3. 叶广卵形，边缘有不规则波状浅裂；4、5. 花萼筒状，具5棱角，花瓣螺旋状着生，花冠漏斗状，下部淡绿色，上部白或淡紫色，裂片具短尖头；6、7. 蒴果直立，卵圆形，被坚硬针刺，淡黄色，规则4瓣裂；8. 种子卵圆形，稍扁，黑色

183. 假酸浆 *Nicandra physalodes* (L.) Gaertner

茄科 Solanaceae　　假酸浆属 *Nicandra*

【别名】 冰粉、田珠、大千生、蓝花天仙子、水晶凉、酒精凉。

【识别特征】 一年生直立草本植物，多分枝。茎直立，有棱条，无毛。叶片卵形或椭圆形，草质，顶端急尖或短渐尖，基部楔形，两面有稀疏毛。花单生于枝腋而与叶对生，花萼5深裂，裂片顶端尖锐，基部心脏状箭形，花冠钟状，浅蓝色。浆果球状，黄色。种子淡褐色。

【原产地】 南美洲西部。

【传入途径】 有意引入。

【分布】 中国云南各州市，中国大部分省区市均有发现，全球热带、亚热带至温带地区。

【生境】 路边、农田、荒野、山坡、林缘等地。

【物候】 花果期夏秋季。

【风险评估】 Ⅲ级，局部入侵种；常少量发生于各类生境，在一些适生地区常大面积发生，但总体可控。

假酸浆

Nicandra physalodes (L.) Gaertner

1. 植株多分枝，茎直立，有棱条；2、3. 叶片卵形或椭圆形，边缘有具圆缺的粗齿或浅裂；
4. 花冠钟状，浅蓝色，5 浅裂，花冠基部有墨色斑块；雄蕊 5，花丝白色，花药椭圆形，
药室平行，纵向裂开；5. 花萼有明显网脉，5 深裂，裂片顶端尖锐，基部心脏状箭形，有
2 枚尖锐的耳片，果时包围果实

184. 苦蘵　*Physalis angulata* L.

茄科 Solanaceae　　酸浆属 *Physalis*

【别名】 苦职、灯笼泡、灯笼草。

【识别特征】 一年生草本。茎多分枝。叶卵形至卵状椭圆形，顶端渐尖或急尖，基部阔楔形或楔形，全缘或有不规则的大牙齿或粗齿。花萼被柔毛，5 中裂，裂片长三角形或披针形；花冠淡黄色，阔钟状，边缘具睫毛，喉部有黄色斑块。浆果球状。

【原产地】 美洲。

【传入途径】 无意中引入。

【分布】 中国云南南部地区零星分布，中国华东、华中、华南、西南地区，亚洲、欧洲西部、非洲、美洲、大洋洲。

【生境】 灌木丛、林缘、路边、荒地、平缓山坡和谷地。

【物候】 花果期 5—12 月。

【风险评估】 Ⅲ级，局部入侵种；农田常见杂草，有时候发生量较大，但均在可控制范围内。

苦蘵

Physalis angulata L.

1. 植株，茎多分枝，叶卵形至卵状椭圆形，全缘或有不规则的大牙齿或粗齿；2. 花生于叶腋，花冠淡黄色、阔钟状，边缘具睫毛，喉部有黄色斑块；3. 宿萼卵球状，有 10 纵肋，薄纸质，完全包围浆果

185. 灯笼果 *Physalis peruviana* L.

茄科 Solanaceae　　酸浆属 *Physalis*

【别名】 小果酸浆、秘鲁苦蘵、炮仗果。

【识别特征】 多年生草本，具匍匐的根状茎。茎直立，不分枝或少分枝，密生短柔毛。叶较厚，阔卵形或心脏形，两面密生柔毛。花单生叶腋。花萼阔钟状，密生柔毛；花冠阔钟状，黄色，喉部有黑紫色斑块，5浅裂。果萼卵球状，被柔毛；浆果成熟时黄色，种子圆盘状。

【原产地】 南美洲。

【传入途径】 有意引入。

【分布】 中国云南大部分州市均有发现，中国西南、华中、华南地区，全球热带、亚热带地区有引种或归化。

【生境】 路边、山坡、农田、花坛、房前屋后、荒野。

【物候】 花果期夏季。

【风险评估】 Ⅲ级，局部入侵种；常见生长于路边、田间地头，发生范围小，通常人们为采摘其果实而刻意保留植株，危害不大。

灯笼果

Physalis peruviana L.

1. 生境，生于山坡、荒野、路边等，茎直立，不分枝或少分枝，密生短柔毛；2. 叶较厚，阔卵形或心脏形，两面密生柔毛；3、4. 花腋生，花冠阔钟状，黄色，密生柔毛，喉部有黑紫色斑块，5 浅裂，花萼阔钟状，密生柔毛；5. 果萼完全包裹果实，卵球状，有 10 纵肋，肋间有网纹；6. 浆果未成熟时绿色

186. 少花龙葵 *Solanum americanum* Mill.

茄科 Solanaceae   茄属 *Solanum*

【别名】 痣草、衣扣草、古钮子、打卜子、扣子草、古钮菜、白花菜、小花龙葵。

【识别特征】 一年生草本，茎无毛或近于无毛。叶薄，卵形至卵状长圆形，先端渐尖。花序近伞形，腋外生，纤细，具微柔毛，着生 1～6 朵花，花小；萼绿色，5 裂达中部，裂片卵形，先端钝；花冠白色，筒部隐于萼内，冠檐 5 裂。浆果球状，幼时绿色，成熟后黑色；宿萼反卷。

【原产地】 美洲。

【传入途径】 无意中引入。

【分布】 中国云南大部分地区，中国西南、华中、华南地区，全球热带、亚热带及温带地区。

【生境】 路边、农田、荒野、山坡、林缘、河边等地。

【物候】 几乎全年可开花结果。

【风险评估】 Ⅲ级，局部入侵种；多发生于农田、路边、河边等生境，为一般性杂草，容易铲除，危害不大。

少花龙葵
Solanum americanum Mill.

1. 生境，生于路边、荒野等；2、3. 叶薄，卵形至卵状长圆形，全缘、波状或有不规则粗齿，先端渐尖；4. 花序近伞形，腋外生，着生 1～6 朵花，花小，萼 5 裂，花冠白色，筒部隐于萼内，冠檐 5 裂；5、6. 浆果球状，幼时绿色，具透明油点，成熟后黑色，宿萼反卷

187. 黄果龙葵 *Solanum diphyllum* L.

茄科 Solanaceae　　茄属 *Solanum*

【别名】 玛瑙珠。

【识别特征】 常绿小灌木。茎直立，黑绿色，分枝甚多。叶互生，上部叶常双生，大小不相等，全缘；大型叶倒卵形至长椭圆形，具柄，小型叶卵圆形，近无柄。花单生或成聚伞花序，腋生或与叶对生；萼小，淡绿色，不包被果实。花冠白色，5 裂，冠檐反折。浆果，幼果绿色，成熟时呈亮黄色，球状。

【原产地】 中美洲。

【传入途径】 有意引入。

【分布】 中国云南的西双版纳（景洪、勐腊）、红河（屏边、金平、河口）等地，中国西南、华南地区，东亚、南亚、东南亚、中美洲。

【生境】 路边、农田、荒野、山坡、林缘等地。

【物候】 花果期夏秋季。

【风险评估】 Ⅲ级，局部入侵种；多发生于农田、路边，有时发生量较大，果实有毒，要注意防止人畜误食。

黄果龙葵

Solanum diphyllum L.

1. 生境，常生于山坡、林缘等，植株无毛，茎直立，叶互生，全缘；2. 大型叶倒卵形至长椭圆形，具柄；3. 聚伞花序与叶对生，花冠白色，5裂，冠檐反折；4. 浆果，幼果绿色，成熟时呈亮黄色，球状

188. 假烟叶树 *Solanum erianthum* D. Don

茄科 Solanaceae　　茄属 *Solanum*

【别名】 大发散、毛叶、洗碗果叶、假枇杷、土烟叶。

【识别特征】 小乔木，小枝密被白色绒毛。叶大而厚，卵状长圆形，先端短渐尖，基部阔楔形或钝，叶柄粗壮，密被毛。聚伞花序多花，形成近顶生圆锥状平顶花序，均密被毛。花白色，萼钟形，萼齿卵形。浆果球状，具宿存萼，黄褐色，初被星状簇绒毛，后渐脱落。种子扁平。

【原产地】 中美洲。

【传入途径】 无意中引入。

【分布】 中国云南大部分州市均有发现（南部和干热河谷地带常见），中国西南、华南地区，亚洲、非洲西部、大洋洲、美洲。

【生境】 路边、河边、山坡、荒野、房前屋后。

【物候】 几乎全年开花结果。

【风险评估】 Ⅱ级，严重入侵种；植株个体占地面积大，不易铲除，有毒，触碰容易过敏，误食会中毒。

假烟叶树

Solanum erianthum D. Don

1. 生境，生于山坡、荒野等，小枝密被白色绒毛；2. 幼苗，叶被白色绒毛；3. 叶大而厚，卵状长圆形，叶柄粗壮，叶背密被毛；4. 聚伞花序多花，形成近顶生圆锥状平顶花序，均密被毛，花萼钟形，密被绒毛；5. 花白色，花瓣4，雄蕊黄色；6. 浆果球状，具宿存萼，绿色，熟时黄褐色

189. 乳茄 *Solanum mammosum* L.

茄科 Solanaceae   茄属 *Solanum*

【别名】 黄金果、五指茄、牛头茄、五代同堂。

【识别特征】 直立草本。茎被短柔毛及扁刺。叶卵形，两面密被亮白色极长的长柔毛及短柔毛。蝎尾状花序腋外生，被有与枝、叶上相似的毛被，总花梗极短，无刺。萼近浅杯状，被毛，花冠紫堇色，外侧被长柔毛，内侧无毛，边缘膜质（具缘毛）。浆果倒梨状，成熟时外面土黄色，具乳头状凸起，种子黑褐色。

【原产地】 美洲热带地区。

【传入途径】 有意引入。

【分布】 中国云南的昆明、西双版纳、普洱、临沧、德宏、保山等州市，中国华东、华南、西南地区，东亚、东南亚、非洲、美洲、大洋洲。

【生境】 农田、花坛等地。

【物候】 花期 9—10 月，果期 11—翌年 1 月。

【风险评估】 V 级，有待观察种；栽培为主，偶见逸野，归化趋势待进一步评估。

乳茄

Solanum mammosum L.

1、2. 茎被短柔毛及扁刺，叶卵形，两面密被毛；3. 蝎尾状花序腋外生，被有与枝、叶上相似的毛被，总花梗极短，无刺，萼近浅杯状，花冠紫堇色，5 深裂，花药长圆状锥形，黄色；4. 浆果倒梨状，具乳头状凸起

190. 珊瑚樱 *Solanum pseudocapsicum* L.

茄科 Solanaceae　　茄属 *Solanum*

【别名】　珊瑚豆、吉庆果、冬珊瑚、假樱桃、鸡蛋果。

【识别特征】　直立、分枝小灌木，全株光滑无毛。叶互生，狭长圆形至披针形，先端尖或钝，基部狭楔形下延成叶柄，边全缘或波状，两面均光滑无毛。花小，白色，腋外生或近叶对生；萼绿色，宿存；花冠筒隐于萼内，裂片 5，卵形，花药黄色。浆果球形，熟时橙红色。种子盘状。

【原产地】　南美洲。

【传入途径】　有意引入。

【分布】　中国云南大部分州市，中国西南、华南、华东、华北地区，全球热带、亚热带至温带地区有引种或逸生。

【生境】　路边、荒野、田间地头、房前屋后、花坛、绿化带等地。

【物候】　花期初夏，果期秋末。

【风险评估】　Ⅲ级，局部入侵种；可见归化于不同生境，分布广泛，但发生量不大，危害较轻。

珊瑚樱

Solanum pseudocapsicum L.

1. 生境，生于路边、房前屋后等，多年生直立小灌木，多分枝；2、3. 叶狭长圆形至披针形，边全缘或波状，两面均光滑无毛，中脉凸出；4～6. 花小，白色，花冠裂片 5，卵形，萼绿色，花药黄色，矩圆形；7. 浆果熟时橙红色

191. 南青杞 *Solanum seaforthianum* Andrews

茄科 Solanaceae　　茄属 *Solanum*

【别名】 玲珑茄、悬星花。

【识别特征】 无刺木质藤本。叶互生，羽状裂，卵形至长圆形，两面均在脉上被尘土色的微柔毛。聚伞式圆锥花序顶生或与对叶生，无毛，多花；花萼小，杯状，裂片三角状凸起；花冠紫色，整齐，花冠筒 5 深裂，裂片卵状长圆形；花柱光滑，丝状。浆果球状。

【原产地】 中美洲。

【传入途径】 有意引入。

【分布】 中国云南的西双版纳、红河（蒙自）等州市，中国西南、华南、华东地区，全球热带和亚热带地区有引种或归化。

【生境】 路边、荒地。

【物候】 花期 6—8 月。

【风险评估】 V级，有待观察种；种群规模小，多年以来未见扩散，暂时未见对生态环境造成明显危害。

南青杞

Solanum seaforthianum Andrews

1. 生境，生于路边、荒地，无刺木质藤本，叶互生，羽状裂，卵形至长圆形；2. 聚伞式圆锥花序顶生或与对叶生，多花；3. 花冠紫色，整齐，花冠筒 5 深裂，裂片卵状长圆形，雄蕊 5，黄色，花柱光滑，丝状；4. 浆果球状

192. 水茄 *Solanum torvum* Sw.

茄科 Solanaceae 茄属 *Solanum*

【别名】 刺番茄、天茄子、青茄、刺茄、野茄子、金衫扣、山颠茄、小苦子果。

【识别特征】 灌木，小枝疏具基部宽扁的皮刺，皮刺淡黄色，基部疏被星状毛。叶单生或双生，卵形至椭圆形，边缘半裂或呈波状。伞房花序腋外生；花白色，萼杯状，花冠辐形。浆果圆球形，光滑无毛，种子盘状。

【原产地】 中美洲。

【传入途径】 无意中引入。

【分布】 中国云南南部至中部，中国西南、华南地区，亚洲、非洲西部、大洋洲、美洲。

【生境】 路边、河边、山坡、荒野、房前屋后。

【物候】 几乎全年开花结果。

【风险评估】 Ⅲ级，局部入侵种；多分散生长于路边、山坡等地，通常发生量不大，危害较轻，某些适生区域发生量较大。

水茄

Solanum torvum Sw.

1. 小灌木，植株小枝疏具基部宽扁的皮刺，叶单生或双生，卵形至椭圆形，边缘半裂或呈波状；2. 小枝疏具基部宽扁的皮刺，皮刺淡黄色；3. 伞房花序腋外生，花白色，萼杯状，花冠辐形，花柱长于花药；4. 浆果圆球形，光滑无毛，萼片宿存

193. 毛果茄 *Solanum viarum* Dunal

茄科 Solanaceae　　茄属 *Solanum*

【别名】 黄果茄、喀西茄。

【识别特征】 直立草本至半灌木，茎、枝、叶及花柄多混生长硬毛、短硬毛、腺毛及直刺。叶阔卵形，5～7 深裂。聚伞花序腋外生，短而少花；萼钟状，被短柔毛，绿色，5 裂，裂片长圆状披针形；花冠白色或绿色，5 裂，裂片披针形。浆果球状，初时绿白色，具绿色花纹，成熟时淡黄色。

【原产地】 南美洲。

【传入途径】 无意中引入。

【分布】 中国云南各州市，中国西南、华南地区，亚洲、非洲和美洲热带地区。

【生境】 路边、荒地、山坡、农田、河边、房前屋后。

【物候】 花果期 6—10 月。

【风险评估】 Ⅰ级，恶性入侵种；植株及果实有毒，误食会中毒，整株具直刺，易扎伤人畜，常侵入农田、村庄等地，发生面积较大，防控成本高。

毛果茄

Solanum viarum Dunal

1. 生境，生于路边、荒地等，通身被毛及直刺，叶阔卵形，5～7深裂；2. 聚伞花序腋外生，短而少花，花冠白色，5裂，裂片披针形；3、4. 浆果球状，初时绿白色，具绿色花纹，成熟时淡黄色，花萼宿存

194. 大花茄 *Solanum wrightii* Benth.

茄科 Solanaceae　　茄属 *Solanum*

【别名】 木番茄。

【识别特征】 灌木，小枝及叶柄具刚毛或星状分枝的硬毛以及粗而直的皮刺。叶片长，常羽状半裂，裂片为不规则卵形或披针形，正面粗糙，具刚毛状的单毛，背面被粗糙的星状毛。花大，组成二歧侧生的聚伞花序；花梗密被刚毛，萼长 1.5～1.7 cm，密被刚毛，5 深裂，裂片披针形，具有长钻状的尖。果实球形。

【原产地】 玻利维亚（南美洲）。

【传入途径】 有意引入。

【分布】 中国云南的西双版纳等州市，中国北京、广东、香港、福建、西南等地，东亚、东南亚、非洲、美洲。

【生境】 公园、路边等地。

【物候】 花果期夏秋季。

【风险评估】 Ⅴ级，有待观察种；栽培为主，偶见逸野，归化趋势待进一步评估。

大花茄

Solanum wrightii Benth.

1. 小枝及叶柄具刚毛或星状分枝的硬毛以及粗而直的皮刺，叶片常羽状半裂；2. 花大，组成二歧侧生的聚伞花序，花冠直径约 6.5 cm，花常为紫色和白色；3. 花萼披针形，具长钻状的尖，宿存，紧贴果实，果实球形

195. 毛地黄　　*Digitalis purpurea* L.

车前科 Plantaginaceae　　　毛地黄属 *Digitalis*

【别名】 德国金钟、自由钟、洋地黄、山白菜。

【识别特征】 一年生或多年生草本。茎单生或数条成丛，通常直立。基生叶多数成莲座状，叶柄具狭翅，叶卵形或长椭圆形，边缘具带短尖的圆齿，茎生叶向上渐小，叶柄逐渐缩短至无而成为苞片。花序总状，花萼钟状，5 裂几达基部，花冠紫红色，内面具斑点，先端被白色柔毛。蒴果卵形，种子短棒状，被蜂窝状网纹和细柔毛。

【原产地】 欧洲。

【传入途径】 作为观赏和药用植物有意引入。

【分布】 中国云南的昆明、玉溪、大理、楚雄等州市，中国西南、华南、华中、华东、华北等地区，亚洲、欧洲、美洲等。

【生境】 常见于路边、荒地、庭院周边等。

【物候】 花果期 5—7 月。

【风险评估】 Ⅳ级，一般入侵种；一般杂草，常在路边、荒地、房前屋后等地逸野，对农业生产有一定危害，不过发生量少，较易清除。

毛地黄

Digitalis purpurea L.

1. 一年生或多年生草本，茎通常直立，单生或数条成丛，茎生叶向上渐小，叶柄逐渐缩短至无而成为苞片；2. 花序总状，密集，花冠紫红色，内面具斑点，先端被白色柔毛；3. 花萼钟状，5 裂几达基部

196. 伏胁花 *Mecardonia procumbens* (Mill.) Small

车前科 Plantaginaceae   伏胁花属 *Mecardonia*

【别名】 黄花过长沙舅、金莎蔓、黄花假马齿。

【识别特征】 多年生草本。基部多分枝，茎四棱形。叶对生，椭圆形或卵形，边缘具锯齿，两面无毛；花单生于叶腋，萼片 5，完全分离；花冠桶状，略长于萼片，二唇形。蒴果椭圆形，黄褐色。种子圆柱状，黑色。

【原产地】 美洲热带地区及美国南部。

【传入途径】 无意中引入。

【分布】 中国云南的西双版纳、临沧（凤庆）等地，中国华南、西南地区，东亚、东南亚、南亚、非洲部分地区、美洲。

【生境】 路边、水沟边、草坪、居民区、荒野。

【物候】 花期 3—11 月。

【风险评估】 Ⅳ级，一般入侵种；一般性杂草，主要危害农田、苗圃和绿地。

伏胁花

Mecardonia procumbens (Mill.) Small

1、2. 生境，生于路边、草坪等，基部多分枝，茎四棱形，叶对生，椭圆形或卵形，边缘
具锯齿，两面无毛；3. 花单生于叶腋，萼片 5；较长，完全分离，花冠筒状，略长于萼片，
二唇形

197. 长叶车前 *Plantago lanceolata* L.

车前科 Plantaginaceae   车前属 *Plantago*

【**别名**】 窄叶车前、欧车前、披针叶车前。

【**识别特征**】 多年生草本。直根粗长。根茎粗短，存在单茎不分枝或多分枝的情况。叶基生呈莲座状，无毛或散生柔毛；叶片纸质，线状披针形、披针形或椭圆状披针形。穗状花序幼时通常呈圆锥状卵形，成长后变短圆柱状或头状。花冠白色，无毛，冠筒约与萼片等长或稍长，淡褐色至黑褐色，有光泽。

【**原产地**】 亚欧大陆及非洲北部。

【**传入途径**】 有意引入。

【**分布**】 中国云南的昆明、曲靖、昭通、大理等州市，中国西南、西北、华南、华中、华东、华北地区，除南极洲以外全球其余各大洲均有分布。

【**生境**】 路边、草坪、农田、荒野。

【**物候**】 花果期5—7月。

【**风险评估**】 Ⅳ级，一般入侵种；多为散发，种群密度通常不大，主要影响生态环境。

长叶车前

Plantago lanceolata L.

1. 生境，生于农田、荒野等，叶基生呈莲座状，无毛或散生柔毛；2、3. 叶片纸质，线状披针形；4. 穗状花序幼时通常呈圆锥状卵形，成长后变短圆柱状或头状，花冠白色，无毛，冠筒约与萼片等长或稍长，淡褐色至黑褐色

198. 野甘草 *Scoparia dulcis* L.

车前科 Plantaginaceae　　　野甘草属 *Scoparia*

【别名】 冰糖草、甜珠草。

【识别特征】 直立草本或半灌木状，茎多分枝，枝有棱角及狭翅，无毛。叶对生或轮生，菱状卵形至菱状披针形，前半部有齿，有时近全缘，两面无毛。花单朵或多数成对生于叶腋，萼分生，卵状矩圆形，具睫毛，花冠小，白色。蒴果卵圆形至球形。

【原产地】 美洲热带地区。

【传入途径】 有意引入。

【分布】 中国云南南部、西南部，中国华东、华南、西南地区，全球热带、亚热带地区有广泛归化。

【生境】 农田、路边、荒地、各种潮湿地。

【物候】 花果期夏秋季。

【风险评估】 Ⅲ级，局部入侵种；多见于农田等农业生产区域，对农业和生态环境造成一定危害。

野甘草

Scoparia dulcis L.

1. 生境，常见于农田、路边等；2. 叶对生或轮生，菱状卵形至菱状披针形，前半部有齿，有时近全缘，两面无毛，花单朵或多数成对生于叶腋，萼分生，花冠小，白色；3. 蒴果卵圆形至球形，柱头宿存

199. 轮叶离药草

Stemodia verticillata (Miller) Hassler

车前科 Plantaginaceae   离药草属 *Stemodia*

【别名】 轮叶孪生花。

【识别特征】 多年生草本，植株直立或斜卧，嫩枝、叶柄及叶背皆被短绒毛。叶对生或轮生，叶片卵形至椭圆形，叶缘锯齿明显，稍反折。花单生于叶腋，花冠紫色至深紫色，外面疏生毛，二唇形。蒴果近扁球形至卵形，成熟时种子灰褐色，椭圆形。

【原产地】 美洲热带地区。

【传入途径】 无意中引入。

【分布】 中国云南的西双版纳、红河、普洱、临沧、保山等州市，中国华东、华南、西南地区，东亚、东南亚、南亚、非洲部分地区、美洲。

【生境】 路边、草地、房前屋后、墙脚、砖缝。

【物候】 花果期 9—10 月。

【风险评估】 Ⅳ级，一般入侵种；一般性杂草，多为散发，偶有群落，通常对环境危害较小。

轮叶离药草

Stemodia verticillata (Miller) Hassler

1. 生境，生于路边、草地、水沟边等，植株直立或斜卧，嫩枝、叶柄及叶背皆被短绒毛，叶对生或轮生，叶片卵形至椭圆形，叶缘锯齿明显；2. 花单生于叶腋，花冠二唇形，紫色至深紫色；3. 蒴果近扁球形至卵形

200. 直立婆婆纳 *Veronica arvensis* L.

车前科 Plantaginaceae　　　婆婆纳属 *Veronica*

【别名】 脾寒草、玄桃。

【识别特征】 小草本，茎直立或上升，不分枝或铺散分枝，有 2 列白色长柔毛。叶常 3～5 对，下部的有短柄，中上部的无柄，卵形至卵圆形，两面被硬毛。总状花序长而多花，各部分被白色腺毛；花梗极短；花冠蓝紫色或蓝色；雄蕊短于花冠。蒴果倒心形。

【原产地】 西亚至欧洲。

【传入途径】 无意中引入。

【分布】 中国云南中部，中国华东、华中、西南、新疆等地，美洲、欧亚大陆、非洲南部。

【生境】 农田、路边、荒地、房前屋后、苗圃、果园等。

【物候】 花果期 4—5 月。

【风险评估】 Ⅳ级，一般入侵种；种群密度通常不大，入侵农田或牧场，争夺养分，危害农田作物或牧草。

直立婆婆纳

Veronica arvensis L.

1. 生境，常见于农田、路边等，茎直立或上升，有 2 列多细胞白色长柔毛；2. 叶互生，卵形至卵圆形，边缘具钝齿，两面被硬毛；3. 花生于叶腋，花梗极短，花冠蓝紫色或蓝色；4. 蒴果倒心形

201. 阿拉伯婆婆纳 *Veronica persica* Poir.

车前科 Plantaginaceae   婆婆纳属 *Veronica*

【别名】 波斯婆婆纳、肾子草。

【识别特征】 铺散、多分枝草本。茎密生 2 列多细胞柔毛。叶 2～4 对，具短柄，卵形或圆形。总状花序很长；苞片互生，与叶同形且几乎等大；花萼裂片卵状披针形，有睫毛，三出脉；花冠蓝色、紫色或蓝紫色，喉部疏被毛；雄蕊短于花冠。蒴果肾形。

【原产地】 西亚（伊朗）与欧亚大陆交界处的高加索地区。

【传入途径】 无意中引入。

【分布】 中国云南各州市均有发现，中国华东、华北、华中、西北、西南地区，亚洲、美洲、欧洲、非洲北部。

【生境】 农田、路边、荒地、房前屋后、苗圃、果园、公园、林缘等。

【物候】 花果期 3—6 月。

【风险评估】 Ⅲ级，局部入侵种；农田常见杂草，有时发生量较大，总体可以防控。

阿拉伯婆婆纳

Veronica persica Poir.

1. 生境，常见于农田、路边等，铺散、多分枝草本；2. 叶 2～4 对，卵形或圆形，边缘具钝齿；3. 茎密生 2 列多细胞柔毛；4. 花常腋生，花冠蓝色、紫色或蓝紫色，喉部疏被毛；5. 花萼裂片卵状披针形，有睫毛，三出脉，蒴果肾形，顶端凹；6. 果实，花萼、花柱宿存

202. 穿心莲
Andrographis paniculata (Burm. f.) Wall. ex Nees

爵床科 Acanthaceae   穿心莲属 *Andrographis*

【别名】 一见喜、印度草、榄核莲。

【识别特征】 一年生草本。茎4棱，下部多分枝。叶卵状矩圆形至矩圆状披针形，顶端渐尖，花序轴上叶通常较小。总状花序顶生和腋生，集成大型圆锥花序，苞片和小苞片微小；花冠白色，二唇形，带紫色斑纹，外被腺毛和短柔毛，花萼裂片三角状披针形，被腺毛，雄蕊2，花药2室。蒴果线状椭圆形，两侧呈压扁状，具凹槽。

【原产地】 南亚。

【传入途径】 无意中引入。

【分布】 中国云南的西双版纳、普洱、临沧、保山等州市，中国西南、华南、华中、华东等地区，东亚、南亚、东南亚、大洋洲、中南美洲。

【生境】 常见于路边、荒地、农田、园圃等。

【物候】 花果期11月—翌年1月。

【风险评估】 Ⅳ级，一般入侵种；一般杂草，在路边、荒地，农田、园圃等地常见，对农业生产有一定危害，不过发生量少，较易清除。

穿心莲

Andrographis paniculata (Burm. f.) Wall. ex Nees

1. 一年生草本，茎4棱，下部多分枝，总状花序顶生和腋生，集成大型圆锥花序；2. 叶卵状矩圆形至矩圆状披针形，顶端渐尖；3. 花冠白色，带紫色斑纹，二唇形，外被腺毛和短柔毛，花萼裂片三角状披针形，被腺毛；4.蒴果线状椭圆形，两侧呈压扁状，具凹槽

203. 鸭嘴花 *Justicia adhatoda* L.

爵床科 Acanthaceae　　爵床属 Justicia

【别名】 大驳骨、牛舌兰、野靛叶。

【识别特征】 大灌木；枝圆柱状，灰色，有皮孔，嫩枝密被灰白色微柔毛。叶纸质，矩圆状披针形至披针形，全缘。茎叶揉后有特殊臭味。总状花序卵形或稍伸长；苞片卵形或阔卵形，被微柔毛；花冠白色，有紫色或带粉红色条纹。蒴果近木质。

【原产地】 南亚。

【传入途径】 有意引入。

【分布】 中国云南南部、西南部有栽培（偶见逸野），中国华东、华中、华南、西南地区，东亚、东南亚、南亚、北美洲及非洲部分地区。

【生境】 路边、公园、庭院、荒野、山坡。

【物候】 花期春夏季。

【风险评估】 Ⅳ级，一般入侵种；多为栽培，偶见逸野，通常发生量不大，对环境危害较小。

鸭嘴花

Justicia adhatoda L.

1. 生境，生于路边、公园等，灌木，枝圆柱状，灰色；2. 叶纸质，矩圆状披针形至披针形，全缘；3. 总状花序卵形或稍伸长，苞片卵形或阔卵形，被微柔毛，花冠白色，有紫色条纹

204. 蓝花草 *Ruellia simplex* C. Wright

爵床科 Acanthaceae　　芦莉草属 Ruellia

【**别名**】 翠芦莉、兰花草、狭叶芦莉草。

【**识别特征**】 多年生草本。茎直立，常分枝，节间膨大，被白色绒毛。叶对生，厚纸质，线状披针形，无毛；先端渐尖，基部楔形，边缘全缘，波状基生叶倒披针形。聚伞花序腋生，花少，花梗长约 2 cm；苞片披针形，小苞片线状长圆形；萼筒被绒毛，裂片线状披针形；花冠粉色或蓝色，5 裂，裂片近圆形；雄蕊 4 枚，2 长 2 短。蒴果线状椭圆形。

【**原产地**】 美洲热带地区。

【**传入途径**】 有意引入。

【**分布**】 中国云南的南部、西南部，中国南方地区有广泛引种，东亚、东南亚、欧洲、美洲。

【**生境**】 路边、绿化带、房前屋后、居民区。

【**物候**】 花期 3—6 月，果期 6—9 月。

【**风险评估**】 V 级，有待观察种；栽培为主，少见逸野，对环境的影响有待进一步评估。

蓝花草

Ruellia simplex C. Wright

1. 生境，生于路边、绿化带等，茎直立，常分枝，叶片线状披针形，先端渐尖，基部楔形，边缘全缘，聚伞花序腋生；2. 小苞片线状长圆形，萼筒被绒毛；3. 花冠5裂，蓝紫色或粉色（白色）

205. 匍匐半插花

Strobilanthes reptans (G. Forster) Moylan ex Y. F. Deng & J. R. I. Wood

爵床科 Acanthaceae　　　马蓝属 Strobilanthes

【别名】 恒春半插花、报春半插花。

【识别特征】 纤细多年生草本，被微柔毛，平卧，节上生根；叶长圆状卵形或圆形，边缘具圆锯齿；叶柄被长柔毛。穗状花序顶生，总花梗纤细。花无梗，集生于总花梗近顶端；苞片匙形，花萼裂片线状披针形；花冠白色，冠檐 5 裂。蒴果；种子扁圆，被短毛。

【原产地】 马来群岛至澳大利亚。

【传入途径】 有意引入。

【分布】 中国云南的西双版纳、德宏等州市，中国华东、华南、西南地区，东亚、东南亚、美国部分地区、大洋洲。

【生境】 路边、草地、房前屋后、墙脚、砖缝等。

【物候】 花果期 6—8 月。

【风险评估】 Ⅳ级，一般入侵种；植株矮小，多为散发，偶有群落，通常对环境危害较小。

匍匐半插花

Strobilanthes reptans (G. Forster) Moylan ex Y. F. Deng & J. R. I. Wood

1. 生境，生于路边、草地等，植株平卧；2、3. 叶长圆状卵形或圆形，边缘具圆锯齿，叶柄被长柔毛，叶背常紫色；4. 穗状花序顶生，无梗，集生于总花梗近顶端，花冠白色，有紫色脉纹，冠檐 5 裂；5. 苞片匙形，花萼裂片线状披针形

206. 翼叶山牵牛

Thunbergia alata Bojer ex Sims

爵床科 Acanthaceae　　山牵牛属 *Thunbergia*

【别名】 翼叶老鸦嘴、黑眼苏珊、黑眼花。

【识别特征】 缠绕草本。茎被倒向柔毛。叶柄具翼，叶片卵状箭头形或卵状稍戟形。花单生叶腋，小苞片卵形；冠檐裂片倒卵形，冠檐黄色，喉部蓝紫色；子房及花柱无毛。蒴果，整个果实被开展柔毛。

【原产地】 非洲热带地区。

【传入途径】 有意引入。

【分布】 中国云南南部、西南部，中国华东、华中、华南、西南地区，东亚、东南亚、南亚、非洲、美洲。

【生境】 路边、公园、房前屋后。

【物候】 花期夏秋季。

【风险评估】 Ⅳ级，一般入侵种；多为栽培，少见逸生，通常对环境危害不大。

翼叶山牵牛

Thunbergia alata Bojer ex Sims

1. 生境，生于路边、公园等，缠绕草本；2. 叶柄具翼，叶片卵状箭头形或卵状稍戟形；
3. 花单生叶腋，小苞片卵形，冠檐裂片倒卵形，冠檐黄色，喉部蓝紫色；4. 蒴果，整个果
实被开展柔毛

207. 炮仗花　*Pyrostegia venusta* (Ker-Gawl.) Miers

紫葳科 Bignoniaceae　　炮仗藤属 *Pyrostegia*

【别名】 黄鳝藤、鞭炮花。

【识别特征】 藤本，具 3 叉丝状卷须。叶对生；小叶 2～3 枚，卵形，顶端渐尖，基部近圆形。圆锥花序着生于侧枝的顶端；花萼钟状；花冠筒状，内面中部有一毛环，基部收缩，橙红色，裂片 5，长椭圆形，花蕾时镊合状排列，花开放后反折，边缘被白色短柔毛。

【原产地】 南美洲。

【传入途径】 有意引入。

【分布】 中国云南各地有栽培（有逸生），中国西南、华南、华中地区，全球热带和亚热带地区有广泛引种栽培和归化。

【生境】 庭院、公园、路边、荒野。

【物候】 花果期 1—6 月。

【风险评估】 Ⅳ级，一般入侵种；常见栽培植物，偶有逸野，逸野者常大片生长，破坏生态平衡。

炮仗花

Pyrostegia venusta (Ker-Gawl.) Miers

1. 生境，生于庭院、公园等，藤本；2. 圆锥花序着生于侧枝的顶端；3. 花冠筒状，橙红色，裂片 5，长椭圆形，花开放后反折；4. 花药背部着生，雌蕊柱头 2 裂

208. 假连翘 *Duranta erecta* L.

马鞭草科 Verbenaceae   假连翘属 *Duranta*

【别名】 番仔刺、篱笆树、洋刺、花墙刺、桐青、白解。

【识别特征】 灌木；枝条有皮刺，幼枝有柔毛。叶对生，纸质，少有轮生，叶片卵状椭圆形或卵状披针形，有柔毛；总状花序顶生或腋生，常排成圆锥状；花萼管状，有毛；花冠通常蓝紫色，偶有白色，5 裂。核果球形，无毛，有光泽，熟时红黄色。

【原产地】 中美洲。

【传入途径】 有意引入。

【分布】 中国云南各地有栽培（南部和西南部常见逸野），中国西南、华南地区，美洲、欧洲、亚洲。

【生境】 荒地、农田、路边等。

【物候】 花果期 6—8 月。

【风险评估】 Ⅳ级，一般入侵种；栽培为主，南部和西南部地区常见逸野，未见对环境造成明显危害。

假连翘

Duranta erecta L.

1. 灌木，高约 1.5～3 m；2. 叶对生，叶片卵状椭圆形或卵状披针形；3. 枝条有皮刺；4. 总状花序顶生或腋生，常排成圆锥状；5. 花冠通常蓝紫色，偶有白色，5 裂；6. 核果球形，无毛，有光泽，熟时红黄色

209. 马缨丹 *Lantana camara* L.

马鞭草科 Verbenaceae 马缨丹属 *Lantana*

【别名】 七变花、如意草、臭草、五彩花、五色梅。

【识别特征】 直立灌木。茎、枝均呈四方形，有短柔毛，通常有短而倒钩状刺；单叶对生，揉烂后有强烈的气味，叶片卵形至卵状长圆形，边缘有钝齿，背面有小刚毛。花萼管状，膜质，顶端有极短的齿；花黄色、橙色或深红色，常为杂色。果圆球形，成熟时紫黑色。

【原产地】 南美洲。

【传入途径】 有意引入。

【分布】 中国云南中低海拔地区广布，中国西南、华南地区，美洲、欧洲、亚洲。

【生境】 荒地、农田、路边、房前屋后等。

【物候】 全年开花。

【风险评估】 Ⅰ级，恶性入侵种；生长、扩散迅速，适应性强，在热带地区可大面积发生，对社会经济、生物多样性和生态平衡造成严重危害。

马缨丹

Lantana camara L.

1. 生境，生于荒地、农田、山坡、林缘等，直立灌木，有时藤状；2. 花黄色、橙色或深红色，常为杂色；3. 茎、枝均呈四方形，通常有短而倒钩状刺；4. 果圆球形，成熟时紫黑色

210. 假马鞭 Stachytarpheta jamaicensis (L.) Vahl

马鞭草科 Verbenaceae　　假马鞭草属 *Stachytarpheta*

【别名】 蛇尾草、蓝草、大种马鞭草、玉龙鞭、假败酱、铁马鞭。

【识别特征】 多年生粗壮草本或半灌木。叶片厚纸质，椭圆形至卵状椭圆形，边缘有粗锯齿。穗状花序顶生；花单生于苞腋内，一半嵌生于花序轴的凹穴中，螺旋状着生；花冠深蓝紫色，内面上部有毛。果内藏于膜质的花萼内，成熟后 2 瓣裂，每瓣有 1 种子。

【原产地】 美洲热带地区。

【传入途径】 有意引入。

【分布】 中国云南的昆明、玉溪、红河、文山、西双版纳、保山等州市，中国西南、华南地区，美洲、大洋洲、亚洲。

【生境】 花坛、绿化带、荒地、路边、沟边等。

【物候】 花期 5—9 月，果期 9—12 月。

【风险评估】 Ⅲ级，局部入侵种；常见于路边、沟边，与本土植物争夺养分，破坏当地的生态平衡。

假马鞭

Stachytarpheta jamaicensis (L.) Vahl

1. 生境，生于绿化带、荒地等，多年生粗壮草本或半灌木；2. 叶片厚纸质，椭圆形至卵状椭圆形，边缘有粗锯齿，穗状花序顶生；3. 花冠深蓝紫色，顶端 5 裂，裂片平展

211. 柳叶马鞭草　*Verbena bonariensis* L.

马鞭草科 Verbenaceae　　　马鞭草属 *Verbena*

【别名】 南美马鞭草、长茎马鞭草。

【识别特征】 多年生草本，多分枝；叶对生，生长初期为椭圆形，边缘有缺刻，两面有粗毛，花茎抽高后叶转为细长型如柳叶状，边缘仍有尖缺刻。聚伞穗状花序，小筒状花着生于花茎顶部，顶生或腋生；花小，群生最顶端的花穗上，花冠紫红色或淡紫色。

【原产地】 南美洲。

【传入途径】 有意引入。

【分布】 中国云南的昆明、玉溪、大理等州市，中国西南、西北、华中、华东地区，美洲、欧洲、非洲、亚洲、大洋洲。

【生境】 公园、路边、荒地。

【物候】 花果期 5—8 月。

【风险评估】 Ⅱ级，严重入侵种；侵入各类生境，生长快，适应性强，常危害草坪、绿化带等。

柳叶马鞭草

Verbena bonariensis L.

1、2. 生境，生于路边、荒地等，植株多分枝；3. 茎有棱，被刺毛；4、5. 叶对生，边缘有尖缺刻，叶线形或披针形；6～8. 聚伞穗状花序，小筒状花着生于花茎顶部，花小，花冠紫红色或淡紫色；9. 蒴果

212. 狭叶马鞭草 *Verbena brasiliensis* Vell.

马鞭草科 Verbenaceae 马鞭草属 *Verbena*

【**别名**】 巴西马鞭草。

【**识别特征**】 多年生草本,具根状茎;茎4棱,粗糙,被毛;叶对生,倒披针形至长椭圆形,边缘有大小不一的锯齿,叶柄不明显。花苞片、花萼与花冠筒均被柔毛,苞片稍短于花萼;花萼先端5裂;花冠淡紫色,雌、雄蕊均较短,藏于花冠内。果实长椭圆形。

【**原产地**】 南美洲。

【**传入途径**】 有意引入。

【**分布**】 中国云南的昆明、玉溪、曲靖、临沧(云县)等地,中国西南、西北、华中、华东地区,美洲、欧洲、非洲、亚洲。

【**生境**】 公园、路边、荒地、沟边。

【**物候**】 花果期8—10月。

【**风险评估**】 Ⅲ级,局部入侵种;常见于路边和绿地,种群数量通常不大,但对当地生态环境和生物多样性有一定不良影响。

狭叶马鞭草

Verbena brasiliensis Vell.

1. 生境，生于公园、路边、荒地等，茎具 4 棱，粗糙，被毛，叶对生；2. 叶倒披针形至长椭圆形，边缘有大小不一的锯齿，叶柄不明显；3. 聚伞穗状花序复排成大的圆锥花序；4. 花冠淡紫色，雌、雄蕊均较短，藏于花冠内

213. 吊球草 *Hyptis capitata* Jacq.

唇形科 Lamiaceae　　　吊球草属 *Hyptis*

【别名】 假走马风、四方骨、四俭草、石柳、头状吊球草。

【识别特征】 一年生直立粗壮草本；茎粗糙，被短柔毛，绿色或紫色；叶披针形，纸质，叶脉上被疏柔毛。花多数，密集成一具长梗的腋生球形小头状花序，具苞片；花萼绿色，花冠乳白色，外面被微柔毛，花盘阔环状；子房裂片球形。小坚果长圆形，栗褐色。

【原产地】 美洲热带地区。

【传入途径】 无意中引入。

【分布】 中国云南的西双版纳、临沧、红河、保山等州市，中国西南、华南地区，美洲、东亚、南亚、东南亚。

【生境】 开旷荒地、山坡、路旁。

【物候】 花果期 6—7 月。

【风险评估】 Ⅲ级，局部入侵种；多发生于山坡及路旁，形成局部优势群落，对生态环境造成影响。

吊球草

Hyptis capitata Jacq.

1. 生境，生于路边、林缘等，茎四棱形，具浅槽及细条纹，粗糙；2. 叶披针形，纸质，边缘具钝齿；3. 花多数，密集成一具长梗的腋生球形小头状花序，花萼绿色；4. 花冠乳白色，外面被微柔毛

214. 荆芥叶狮尾草

Leonotis nepetifolia
(L.) R. Br.

唇形科 Lamiaceae   狮耳花属 *Leonotis*

【别名】 假走马风、四方骨、四俭草、石柳。

【识别特征】 一年生草本。茎四棱形，被微柔毛。叶对生，卵圆形或心形，边缘具圆锯齿，膜质，密被短柔毛。轮伞花序疏离，生于叶腋，多花密集；苞片细长，线形，先端针刺状；花萼管状，萼齿针刺状，花冠橘红色，密被橘红色绒毛。小坚果长圆形。

【原产地】 非洲热带地区。

【传入途径】 有意引入。

【分布】 中国云南的普洱、西双版纳、德宏、临沧等州市，中国云南、美洲、非洲、亚洲。

【生境】 路边、农田、荒地。

【物候】 花果期 7—9 月。

【风险评估】 Ⅱ级，严重入侵种；恶性杂草，花序带刺，可在农田大面积滋生，危害农作物。

荆芥叶狮尾草

Leonotis nepetifolia (L.) R. Br.

1. 生境，生于农田、荒地等；2. 茎四棱形，被微柔毛，轮伞花序疏离，生于叶腋，多花密集；3. 叶对生，卵圆形或心形，边缘具圆锯齿，膜质，密被短柔毛；4. 花萼管状，萼齿针刺状

215. 皱叶留兰香

Mentha crispata Schrad.
ex Willd.

唇形科 Lamiaceae   薄荷属 *Mentha*

【别名】 薄荷。

【识别特征】 多年生草本。茎直立，不育枝仅贴地生；叶无柄或近于无柄，卵形或卵状披针形，边缘有锐裂的锯齿。轮伞花序在茎及分枝顶端密集成穗状花序，苞片线状披针形，稍长于花萼；花萼钟形，外面近无毛，具腺点，花冠白色至淡紫色。小坚果，茶褐色。

【原产地】 俄罗斯和欧洲。

【传入途径】 有意引入。

【分布】 中国云南各地有栽培（有逸生），中国西南、华东、华中、华南地区，美洲、非洲、欧洲、亚洲。

【生境】 路边、沟边、农田、荒地、村庄周边。

【物候】 花果期 7—9 月。

【风险评估】 Ⅳ级，一般入侵种；栽培为主，常见逸野，发生量不大，多被人为利用，未见其对环境造成明显危害。

皱叶留兰香

Mentha crispata Schrad. ex Willd.

1. 生境，生于路边、村庄周边、水沟边等；2. 幼苗，茎常带紫色；3. 叶无柄或近于无柄，卵形或卵状披针形，边缘有锯齿；4. 轮伞花序在茎及分枝顶端密集成穗状花序；5. 花萼钟形，花冠白色至淡紫色

216. 辣薄荷 *Mentha × piperita* L.

唇形科 Lamiaceae   薄荷属 *Mentha*

【别名】 椒样薄荷、胡椒薄荷、胡薄荷。

【识别特征】 多年生草本。茎自基部上升，直立。叶片披针形至卵状披针形，边缘具不等大的锐锯齿；叶柄短，常带紫色。轮伞花序在茎及分枝顶端集合成圆柱形先端锐尖的穗状花序，仅在基部间断。花萼管状，常染紫色。花冠白色，裂片具粉红晕，冠筒几与花萼等长。小坚果倒卵圆形。

【原产地】 欧洲至西亚。

【传入途径】 有意引入。

【分布】 中国云南的昆明、大理（祥云）等地，中国东北、华北、华东、华中、西南地区，亚洲、欧洲、非洲北部、美洲。

【生境】 路边、农田、荒地、村庄周边。

【物候】 花期6—9月，果期9—11月。

【风险评估】 Ⅳ级，一般入侵种；初为栽培，后逸野，通常发生量不大，影响本地植物多样性。

辣薄荷

Mentha × *piperita* L.

1. 生境，生于路边、农田等；2、3. 叶片披针形至卵状披针形，边缘具不等大的锐锯齿；
4. 轮伞花序在茎及分枝顶端集合成圆柱形先端锐尖的穗状花序；5. 轮伞花序具明显总梗，
花萼管状，常染紫色，花冠白色，裂片具粉红晕

217. 朱唇　*Salvia coccinea* Buc'hoz ex Etl.

唇形科 Lamiaceae　　鼠尾草属 *Salvia*

【别名】 小红花、红花鼠尾草、鸡蜜花。

【识别特征】 一年生或多年生草本。根纤维状，密集；茎直立，具浅槽，分枝细弱；叶片卵圆形或三角状卵圆形，草质，被毛。轮伞花序 4 至多花，疏离，组成顶生总状花序；苞片卵圆形，边缘具长缘毛；花萼筒状钟形，花冠深红或绯红色，花柱伸出。小坚果倒卵圆形，黄褐色。

【原产地】 美洲热带地区。

【传入途径】 有意引入。

【分布】 中国云南的昆明、红河、玉溪、大理、德宏等州市有栽培（有逸野），中国西南、华中、华东、华南地区，美洲、南非、东亚。

【生境】 路边、荒地、村庄周边。

【物候】 花果期 4—7 月。

【风险评估】 Ⅳ级，一般入侵种；多见于路边和荒坡，发生量不大，危害较轻。

朱唇

Salvia coccinea Buc'hoz ex Etl.

1. 生境，生于路边、荒地、公园等，茎直立，具浅槽，分枝细弱；2. 叶片卵圆形或三角状卵圆形，草质，被毛；3. 轮伞花序 4 至多花，疏离，组成顶生总状花序；4. 花萼筒状钟形，绿色，花冠二唇形，深红或绯红色，花柱伸出

218. 椴叶鼠尾草 *Salvia tiliifolia* Vahl

唇形科 Lamiaceae　　鼠尾草属 *Salvia*

【别名】 宾鼠尾草、杜氏鼠尾草。

【识别特征】 一年生草本，多分枝，茎四棱形，具浅槽，被短毛。单叶对生，叶片卵形至三角状卵形，草质，叶柄被灰白色短毛。轮伞花序常5～9花，组成伸长的总状花序，苞片和小苞片卵形，早落；花萼筒形，花冠淡蓝色或蓝色，稍长于花萼；花冠筒直伸，筒状，稍长或等长于花萼筒。小坚果椭圆形。

【原产地】 中美洲。

【传入途径】 无意中引入。

【分布】 中国云南的昆明、玉溪、楚雄、大理、保山、红河等州市，中国云南、四川，美洲、非洲、东亚。

【生境】 路边、荒地、农田、林缘、居民区。

【物候】 花果期3—10月。

【风险评估】 Ⅱ级，严重入侵种；繁殖能力强，扩散迅速，种群数量大，常成片发生于农田和绿地，危害较严重。

椴叶鼠尾草

Salvia tiliifolia Vahl

1. 生境，生于路边、荒地等，茎多分枝，四棱形，具浅槽；2. 幼苗，单叶对生；3、4. 叶片卵形至三角状卵形，草质，叶柄被灰白色短毛；5. 轮伞花序常 5～9 花，组成伸长的总状花序，花萼筒形，花冠淡蓝色或蓝色

219. 刺苞果 *Acanthospermum hispidum* DC.

菊科 Asteraceae   刺苞果属 *Acanthospermum*

【别名】 不详。

【识别特征】 一年生草本，有纺锤状根。叶宽椭圆形，或近菱形，两面及边缘被密刺毛。头状花序小，顶生或腋生，总苞钟形，长圆状披针形，外面及边缘被白色长柔毛。花冠舌状，舌片小，淡黄色，兜状椭圆形。瘦果长圆形，压扁状，藏于增厚变硬的内层总苞片中，成熟的瘦果倒卵状长三角形。

【原产地】 南美洲。

【传入途径】 无意中引入。

【分布】 中国云南南部、西部、中部至北部金沙江流域，中国云南、广东、海南，南美洲、非洲、亚洲、欧洲。

【生境】 河谷、河边、沟边、荒地。

【物候】 花期6—7月，果期8—9月。

【风险评估】 Ⅱ级，严重入侵种；繁殖能力强，扩散迅速，侵入农田，大量发生，影响作物的生长。

刺苞果

Acanthospermum hispidum DC.

1. 生境，生于河谷、河边等，植株被毛；2. 幼苗，茎直立；3. 叶宽椭圆形，或近菱形，两面及边缘被密刺毛；4. 头状花序小，顶生或腋生，花冠舌状，淡黄色，成熟的瘦果倒卵状长三角形，有两个不等长的开展的硬刺，周围有钩状刺

220. 白花金纽扣

Acmella radicans (Jacq.) R. K. Jansen

菊科 Asteraceae   金纽扣属 *Acmella*

【别名】 白花金钮扣。

【识别特征】 一年生草本。茎通常直立上升；叶片卵形至狭卵形，有锯齿。头状花序白色，辐射状；花冠宽约 2.5 mm，白色，疏生柔毛。花盘有 80～160 小花；外轮筒状，有时具不育花药；瘦果棕黑色，具中等到浓密缘毛。

【原产地】 美洲热带地区。

【传入途径】 无意中引入。

【分布】 中国云南的西双版纳、临沧、保山、德宏、红河等州市，中国华东、华中、华南、西南地区，东亚、东南亚、南亚、非洲部分地区、美洲部分地区。

【生境】 荒地、农田、路边、绿化带。

【物候】 花果期 7—12 月。

【风险评估】 Ⅲ级，局部入侵种；多侵入农田和人工绿地，有时发生量大，对生态环境和物种多样性造成影响。

白花金纽扣

Acmella radicans (Jacq.) R. K. Jansen

1. 生境，生于荒地；2. 叶片卵形，边缘具齿；3. 头状花序白色，花冠宽约 2.5 mm，白色，疏生柔毛；4. 花盘有 80～160 小花

221. 紫茎泽兰

Ageratina adenophora (Sprengel)
R. M. King & H. Robinson

菊科 Asteraceae   紫茎泽兰属 *Ageratina*

【别名】 破坏草、解放草、马鹿草、黑头草。

【识别特征】 多年生草本。全部茎、枝被白色短柔毛。叶对生，三角状卵形，基部平截或稍心形，顶端急尖，基出三脉，边缘有粗大圆锯齿。头状花序多数在茎枝顶端排成伞房花序，总苞宽钟状。管状花两性，淡紫色。

【原产地】 墨西哥。

【传入途径】 自然传入。

【分布】 中国云南大部分州市广布，中国南方地区广泛分布，东亚、南亚、东南亚、非洲南部、美洲、大洋洲。

【生境】 荒地、农田、路边、沟边、林地、石头缝。

【物候】 花果期4—10月。

【风险评估】 Ⅰ级，恶性入侵种；恶性杂草，植株有毒，繁殖能力强，扩散迅速，在各类环境均能生存，对生态环境和社会经济造成严重影响。

紫茎泽兰

Ageratina adenophora (Sprengel) R. M. King & H. Robinson

1. 生境，生于荒地、沟边等；2. 茎直立；3、4. 叶片三角状卵形，边缘有粗大圆锯齿；
5. 全部茎枝被白色短柔毛；6. 头状花序多数在茎枝顶端排成伞房花序；7. 总苞宽钟状；
8. 瘦果黑褐色

222. 藿香蓟 *Ageratum conyzoides* L.

菊科 Asteraceae   藿香蓟属 *Ageratum*

【别名】 臭草、胜红蓟。

【识别特征】 一年生草本。全部茎枝淡红色，被白色短柔毛。叶对生，有时上部叶互生，卵形，具圆锯齿。头状花序排成伞房状花序，总苞钟状，总苞片长圆形，外面无毛。花冠外面无毛或顶端有尘状微柔毛。瘦果黑褐色，5 棱，有白色稀疏细柔毛。

【原产地】 中美洲。

【传入途径】 自然传入。

【分布】 中国云南中低海拔地区广布，中国西南、西北、华东、华南地区，美洲、非洲、亚洲。

【生境】 路边、农田、荒野、山地、水边、房前屋后。

【物候】 花果期全年。

【风险评估】 Ⅰ级，恶性入侵种；农田恶性杂草，繁殖能力强，发生量大，具强烈的化感作用，对农作物造成严重危害。

藿香蓟

Ageratum conyzoides L.

1. 生境，生于路边、农田等；2～4. 叶对生，卵形，具圆锯齿；5. 茎枝淡红色，被白色短柔毛；6、7. 头状花序排成伞房状花序；8、9. 总苞钟状，总苞片长圆形，外面无毛，花淡紫色；10. 花冠外面无毛或顶端有尘状微柔毛

223. 豚草 *Ambrosia artemisiifolia* L.

菊科 Asteraceae　　豚草属 *Ambrosia*

【别名】 豕草、破布草、艾叶。

【识别特征】 一年生草本，茎直立。下部叶对生，具短柄，二回羽状分裂，裂片狭小；上部叶互生，无柄，羽状分裂。雄头状花序半球形或卵形，在枝端密集成总状花序。总苞宽半球形或碟形；总苞片全部结合，无肋，边缘具波状圆齿，稍被糙伏毛。花冠淡黄色。雌头状花序无花序梗，在雄头花序下面或在下部叶腋单生。瘦果倒卵形。

【原产地】 北美洲。

【传入途径】 无意中引入。

【分布】 中国云南的红河（蒙自）、德宏等州市，中国南北方多个省区市，亚洲、欧洲、非洲部分地区、美洲及大洋洲。

【生境】 村旁、路边、农田及荒野。

【物候】 花期8—9月，果期9—10月。

【风险评估】 Ⅰ级，恶性入侵种；恶性杂草，常侵入农田和绿地，大面积发生，形成单一优势群落，对生态环境和经济造成影响。

豚草

Ambrosia artemisiifolia L.

1. 生境，生于村旁、路边、荒地等，茎直立，上部有圆锥状分枝；2. 下部叶对生，具短柄，二回羽状分裂，裂片狭小，上部叶互生，无柄，羽状分裂；3. 总状花序组成大的圆锥花序

224. 木茼蒿

Argyranthemum frutescens (L.) Sch.-Bip

菊科 Asteraceae　　　木茼蒿属 *Argyranthemum*

【别名】 木春菊、法兰西菊、小牛眼菊、玛格丽特、茼蒿菊、蓬蒿菊。

【识别特征】 灌木，枝条大部分木质化。叶宽卵形、椭圆形或长椭圆形，二回羽状分裂（浅裂或半裂），一回为深裂或几全裂。头状花序多数，在枝端排成不规则的伞房花序，有长梗。舌状花瘦果有 3 条宽翅形的肋；两性花瘦果有 1～2 条具狭翅的肋，并有 4～6 条细间肋。

【原产地】 非洲北部。

【传入途径】 有意引入。

【分布】 中国云南各州市有栽培（有逸野），中国各省区市均有栽培，东亚、东南亚、南亚、欧洲南部、非洲北部、北美洲南部及澳大利亚。

【生境】 路边、绿地、花坛、村庄。

【物候】 花果期 2—10 月。

【风险评估】 Ⅴ级，有待观察种；多为栽培，逸野者较少，对环境的影响有待观察。

木茼蒿

Argyranthemum frutescens (L.) Sch.-Bip

1. 生境，生于路边、绿地、花坛等；2. 叶椭圆形或长椭圆形，二回羽状分裂；3. 头状花序多数，有长梗，舌状花粉紫色，管状花黄色；4. 苞片边缘膜质，白色

225. 白花鬼针草　*Bidens alba* (L.) DC.

菊科 Asteraceae　　鬼针草属 *Bidens*

【别名】 大花咸丰草、叉叉棵、鬼针草。

【识别特征】 一年生草本。茎下部叶较小，3 裂或不分裂，中部叶三出，小叶 3 枚，顶生小叶较大，长椭圆形或卵状长圆形，先端渐尖，基部渐狭或近圆形。头状花序边缘具舌状花 5～7 枚，舌片椭圆状倒卵形，白色，长 5～8 mm，宽 3.5～5 mm，先端钝或有缺刻。瘦果条形、黑色。

【原产地】 美洲热带地区。

【传入途径】 无意中引入。

【分布】 中国云南各州市，中国西南、华南、华中、华东等地，美洲、亚洲。

【生境】 路边、农田、荒地、果园。

【物候】 花期全年。

【风险评估】 Ⅰ级，恶性入侵种；繁殖能力强，扩散迅速，种群数量大，侵入农田和自然环境，对本土物种构成威胁。

白花鬼针草

Bidens alba (L.) DC.

1、2. 生境，生于路边、荒地等，一年生草本；3、4. 舌状花5枚，白色，先端钝或有缺刻，总苞苞片7～8枚，条状匙形；5、6. 瘦果条形，黑色，先端有芒刺2枚

226. 婆婆针 *Bidens bipinnata* L.

菊科 Asteraceae　　鬼针草属 *Bidens*

【别名】 刺针草、鬼针草。

【识别特征】 一年生草本。叶对生，具柄，二回羽状分裂，第一次分裂深达中肋，裂片再次羽状分裂，小裂片三角状或菱状披针形，具 1～2 对缺刻或深裂，顶生裂片狭，先端渐尖，边缘有粗齿，两面均被疏柔毛。舌状花通常 1～3 朵，舌片黄色，椭圆形或倒卵状披针形。管状花黄色，冠檐 5 齿裂。瘦果具 3～4 棱。

【原产地】 美洲。

【传入途径】 无意中引入。

【分布】 中国云南中低海拔地区，中国华北、华中、华东、东北、华南、西南地区，欧洲、北美洲、亚洲。

【生境】 撂荒地、农田、路边。

【物候】 花期 8—10 月。

【风险评估】 Ⅲ级，局部入侵种；常发生于路边和荒地，种群数量有时较大，但扩散能力和规模均不如鬼针草。

婆婆针

Bidens bipinnata L.

1、2. 一年生草本，茎直立，叶对生，具柄，二至三回羽状深裂，头状花序花序梗随着花期逐渐伸长；3. 幼苗；4. 茎具 4 棱，被柔毛，叶对生；5. 叶背面，被稀疏柔毛

227. 大狼耙草   *Bidens frondosa* L.

菊科 Asteraceae   鬼针草属 *Bidens*

【别名】 接力草、外国脱力草、大狼杷草。

【识别特征】 一年生草本。茎直立，被疏毛或无毛，常带紫色。叶对生，一回羽状复叶，小叶 3～5，披针形，小叶边缘具粗锯齿。头状花序单生茎端和枝端，外层苞片匙状倒披针形，叶状；无舌状花或舌状花不发育，极不明显。瘦果扁平，狭楔形，顶端芒刺 2，有倒刺毛。

【原产地】 北美洲。

【传入途径】 无意中引入。

【分布】 中国云南中部和南部，中国华北、华中、华东、华南、东北、西南地区，欧洲、北美洲、亚洲。

【生境】 荒地、路边、湿地周边、沟边。

【物候】 花果期 8—10。

【风险评估】 Ⅱ级，严重入侵种；多发生于近水的潮湿地带，易形成大面积单一优势群落，侵入农田，影响作物的生长。

大狼耙草

Bidens frondosa L.

1. 生境，生于荒地、路边等；2、3. 叶对生，一回羽状复叶，3～5 小叶，小叶披针形，边缘具粗锯齿；4. 无舌状花或舌状花不发育；5. 总苞钟状或半球形，外层苞片 5～10，叶状；6. 瘦果扁平，狭楔形，顶端芒刺 2，有倒刺毛

228. 金盏花 *Calendula officinalis* L.

菊科 Asteraceae　　金盏花属 *Calendula*

【别名】 金盏菊、盏盏菊。

【识别特征】 一年生草本，通常自茎基部分枝。基生叶长圆状倒卵形或匙形，具柄，茎生叶长圆状披针形或长圆状倒卵形，无柄，两面疏被具节短毛。头状花序单生茎枝端，舌状花黄色或橙黄色，舌片倒披针形或长圆状倒披针形，具 3 小齿；管状花先端 5 深裂。瘦果全部弯曲，淡黄色或淡褐色。

【原产地】 欧洲。

【传入途径】 有意引入。

【分布】 中国云南大部分州市有栽培或逸野，中国大多数省区市有引种栽培，亚洲、欧洲、大洋洲、北美洲南部及非洲部分地区。

【生境】 公园、路边、荒野、居民区。

【物候】 花期 4—9 月，果期 6—10 月。

【风险评估】 Ⅳ级，一般入侵种；多为栽培，归化较少，未见对生态环境造成明显影响。

金盏花

Calendula officinalis L.

1. 生境，生于公园、路边等；2. 基生叶长圆状倒卵形或匙形，头状花序单生茎枝端，总苞片 1～2 层；3. 舌状花黄色或橙黄色，具 3 小齿

229. 矢车菊 *Centaurea cyanus* L.

菊科 Asteraceae　　矢车菊属 *Centaurea*

【别名】 蓝芙蓉、蓝花矢车菊、翠兰、荔枝菊。

【识别特征】 一年生或二年生草本。茎直立，全部茎枝灰白色，被薄蛛丝状卷毛；基生叶及下部茎生叶长椭圆状倒披针形或披针形，不分裂，边缘全缘无锯齿或边缘疏锯齿至大头羽状分裂。头状花序在茎枝顶端排成伞房花序或圆锥花序，总苞椭圆状，边花超长于中央盘花，蓝色、白色、红色或紫色，盘花浅蓝色或红色。瘦果椭圆形。

【原产地】 欧洲。

【传入途径】 有意引入。

【分布】 中国云南中部、西部、西北部等地，中国大部分地区有栽培，美洲、非洲、亚洲、欧洲。

【生境】 荒地、路边、沟边、草坪、公园等。

【物候】 花果期2—8月。

【风险评估】 Ⅳ级，一般入侵种；适应性强，各类生境均可发生，生长快，常危害农田、绿化带等。

矢车菊

Centaurea cyanus L.

1. 生境，生于草坪；2、3. 基生叶及下部茎生叶长椭圆状倒披针形或披针形，不分裂；4. 边花超长于中央盘花，蓝色；5. 总苞椭圆状，盘花蓝色

230. 飞机草
Chromolaena odorata (Linnaeus)
R. M. King & H. Robinson

菊科 Asteraceae   飞机草属 *Chromolaena*

【别名】 香泽兰、大泽兰。

【识别特征】 多年生草本。叶对生，卵形，两面被长柔毛及红棕色腺点，基部平截，顶端急尖，基出三脉，边缘具圆锯齿。头状花序在枝端排成伞房状花序；总苞片 3～4 层，覆瓦状排列，外层苞片卵形，被短柔毛，花白色或粉红色。瘦果黑褐色，沿棱有稀疏、紧贴的白色、顺向短柔毛。

【原产地】 墨西哥。

【传入途径】 自然传入。

【分布】 中国云南中低海拔地区，中国华中、华南、西南地区，美洲、亚洲、非洲。

【生境】 路旁、荒地、农田、屋后、林缘、荒山。

【物候】 花果期 4—12 月。

【风险评估】 Ⅰ级，恶性入侵种；恶性杂草，常大面积连片发生，影响当地生物多样性，防控难度极大，对农业、林业、生态环境造成严重危害。

飞机草

Chromolaena odorata (Linnaeus) R. M. King & H. Robinson

1. 生境，生于林缘、荒山等；2. 头状花序在枝端排成伞房状花序；3. 叶卵形，边缘具圆锯齿；4. 总苞圆柱形，总苞片3～4层，覆瓦状排列，外层苞片卵形，被短柔毛；5. 花白色或粉红色，花冠长5 mm

231. 菊苣　*Cichorium intybus* L.

菊科 Asteraceae　　菊苣属 *Cichorium*

【别名】 欧洲菊苣、蓝花菊苣。

【识别特征】 多年生草本。茎直立，单生；基生叶莲座状，倒披针状长椭圆形，茎生叶少数，无柄。头状花序多数，单生或数个集生于茎顶或枝端或沿花枝排列成穗状花序；总苞圆柱状，总苞片 2 层，外层披针形，内层总苞片线状披针形，舌状小花蓝色，有色斑。瘦果倒卵状、褐色。

【原产地】 欧洲。

【传入途径】 有意引入。

【分布】 中国云南中部至西北部，中国西南、西北、东北、华中、华南地区，美洲、欧洲、亚洲、非洲、澳大利亚。

【生境】 农田、荒地、河边、山坡、绿化带。

【物候】 花果期 5—10 月。

【风险评估】 Ⅳ级，一般入侵种；多为栽培，常见逸野，发生量通常不大，对环境影响较小，易于防控。

菊苣

Cichorium intybus L.

1. 生境，生于荒地，茎直立；2. 基生叶莲座状，倒披针状长椭圆形；3. 头状花序，舌状小
花花瓣顶端裂开，蓝色；4. 管状花蓝紫色，柱头向两边翻卷

232. 翼蓟 *Cirsium vulgare* (Savi) Ten.

菊科 Asteraceae　　蓟属 *Cirsium*

【别名】 欧洲蓟、矛蓟、牛蓟。

【识别特征】 二年生草本。茎直立，上部分枝，全部茎枝有翼，茎翼和枝翼刺齿状，齿顶有长针刺。中部茎叶羽状深裂，基部沿茎下延成茎翼，顶端急尖成长针刺，裂缘有缘毛状短针刺。叶质地薄，正面绿色或黄绿色，被稠密的贴伏的针刺，背面灰白色，被稠密或稍厚的绒毛。头状花序直立，多数或少数在茎枝顶端排成圆锥状伞房花序或总状花序。总苞卵球形，小花紫色。瘦果褐色，偏斜，楔状倒披针形，冠毛白色。

【原产地】 欧洲至中国新疆。

【传入途径】 无意中引入。

【分布】 中国云南中部至东北部，中国西北、西南、华东地区，东亚、美洲、非洲、欧洲、大洋洲。

【生境】 荒野、工地、农田、路边、房前屋后、绿地。

【物候】 花期 5—10 月，果期 6—12 月。

【风险评估】 Ⅰ级，恶性入侵种；恶性杂草，植株具尖刺，大面积成片发生，扩散迅速，清除困难，对生态环境和农业生产造成严重影响。

翼蓟

Cirsium vulgare (Savi) Ten.

1. 生境，生于荒野、路边等；一年生直立草本，多分枝；2. 幼苗，基生叶羽状深裂，基部沿茎下延成茎翼，顶端急尖成长针刺，裂缘有缘毛状短针刺，正面被稠密的贴伏的针刺，背面被稠密或稍厚的绒毛；3. 头状花序直立，总苞卵球形，花紫色；4. 散落在空中的种子，种子多数，瘦果褐色，冠毛白色

233. 两色金鸡菊 *Coreopsis tinctoria* Nutt.

菊科 Compositae　　金鸡菊属 *Coreopsis*

【别名】 二色金鸡菊、蛇目菊、雪菊、天山雪菊。

【识别特征】 一年生草本。茎直立，上部有分枝。叶对生，下部及中部叶有长柄，二回羽状全裂，裂片线形或线状披针形。头状花序多数，有细长花序梗，排列成伞房状或疏圆锥花序状。总苞片外层较短，顶端紫黑色，内层苞片较大，紫褐色；舌状花黄色，舌片倒卵形，顶端有缺裂，基部紫黑色，管状花红褐色，狭钟形。瘦果长圆形，顶端有 2 细芒。

【原产地】 北美洲。

【传入途径】 有意引入，作为观赏植物引入。

【分布】 中国云南大部分地区（有逸野），全中国分布状况不详，亚洲、美洲、非洲、欧洲。

【生境】 常见于路边、荒地等。

【物候】 花果期 5—10 月。

【风险评估】 Ⅳ级，一般入侵种；一般性杂草，生长于林间空地、山坡荒地，通常发生量不大，易于控制。

两色金鸡菊

Coreopsis tinctoria Nutt.

1. 生境，常生于荒地、路边；2. 叶有长柄，二回羽状全裂，裂片线形或线状披针形；3. 舌状花黄色，舌片倒卵形，顶端有缺裂，基部紫黑色，管状花红褐色；4. 总苞片外层较短，顶端紫黑色，内层苞片较大，紫褐色

234. 秋英 *Cosmos bipinnatus* Cavanilles

菊科 Asteraceae　　秋英属 *Cosmos*

【别名】 格桑花、大波斯菊。

【识别特征】 一年生或多年生草本。茎无毛或稍被柔毛。叶二回羽状深裂，裂片线形或丝状线形。头状花序单生。总苞片外层披针形或线状披针形，淡绿色，具深紫色条纹。舌状花紫红色、粉红色或白色，舌片椭圆状倒卵形，有 3～5 钝齿；管状花黄色。瘦果黑紫色。

【原产地】 墨西哥。

【传入途径】 有意引入。

【分布】 中国云南大部分州市均有发现，中国西南、华东、华北、华南地区，欧洲、非洲、美洲、亚洲。

【生境】 庭院、路边、荒地、草坡。

【物候】 花期 6—8 月，果期 9—10 月。

【风险评估】 Ⅱ级，严重入侵种；繁殖能力强，适应性广，常形成大片单一优势群落，对生态环境和农业生产造成严重影响。

秋英

Cosmos bipinnatus Cavanilles

1、2. 生境，生于庭院、路边等；3、4. 叶二回羽状深裂，裂片线形或丝状线形；5～8. 头状花序单生，舌状花紫红色、粉红色或白色，舌片有 3～5 钝齿，管状花黄色；9. 总苞片外层披针形或线状披针形，淡绿色

235. 黄秋英 *Cosmos sulphureus* Cav.

菊科 Asteraceae　　秋英属 *Cosmos*

【别名】　硫黄菊、黄波斯菊。

【识别特征】　一年生草本，具柔毛。叶二至三回羽状深裂，裂片披针形至椭圆形。头状花序直径 2.5～5 cm，花序梗长 6～25 cm。外层苞片较内层苞片为短，狭椭圆形；内层苞片长椭圆状披针形。舌状花橘黄色或金黄色，先端具 3 齿；管状花黄色。瘦果具粗毛。

【原产地】　墨西哥。

【传入途径】　有意引入。

【分布】　中国云南的西双版纳（景洪、勐海、勐腊）、昭通（昭阳）、曲靖（会泽）等，中国西南、西北、华东、华中地区，美洲、亚洲、非洲。

【生境】　庭院、路边、荒地。

【物候】　春播花期 6—8 月，夏播花期 9—10 月。

【风险评估】　Ⅲ级，局部入侵种；多为栽培，常见逸生于各类生境，通常发生量不大，易于防控。

黄秋英

Cosmos sulphureus Cav.

1. 生境，生于庭院、路边等；2. 茎4棱，叶对生；3、4. 叶二至三回羽状深裂，裂片披针形至椭圆形；5、6. 舌状花橘黄色或金黄色，先端具3齿，管状花黄色；7. 外层苞片较内层苞片短，狭椭圆形；内层苞片长椭圆状披针形

236. 野茼蒿

Crassocephalum crepidioides (Benth.) S. Moore

菊科 Asteraceae　　野茼蒿属 *Crassocephalum*

【别名】 观音菜、野地黄菊、革命菜、安南菜。

【识别特征】 直立草本，茎有纵条棱。叶膜质，椭圆形或长圆状椭圆形，边缘有不规则锯齿或重锯齿，两面无毛或近无毛。头状花序数个在茎顶端排成伞房状，总苞钟状，基部截形，有数枚不等长的线形小苞片；总苞片单层，线状披针形；小花全部管状，两性，花冠红褐色或橙红色。瘦果狭圆柱形。

【原产地】 非洲。

【传入途径】 无意中引入。

【分布】 中国云南大部分州市，中国华东、华中、华南、西南、西北地区，亚洲、非洲。

【生境】 山地、农田、荒地、路旁、房前屋后。

【物候】 花期 7—12 月。

【风险评估】 Ⅲ级，局部入侵种；常发生于各类生境，通常发生量不大，生长于农田者常被人为保留，视作蔬菜。

野茼蒿

Crassocephalum crepidioides (Benth.) S. Moore

1. 生境，生于农田周边、路边等，一年生直立草本，多分枝，头状花序多数；2、3. 叶具柄，叶片椭圆形或长圆状椭圆形，边缘有不规则锯齿或重锯齿，两面无毛；4. 头状花序数个在茎顶端排成伞房状，总苞钟状，基部截形，有数枚不等长的线形小苞片，头状花序橙红色；5. 种子多数，冠毛白色，有残存的红色花冠

237. 蓝花野茼蒿

Crassocephalum rubens (Juss. ex Jacq.) S. Moore

菊科 Asteraceae　　野茼蒿属 *Crassocephalum*

【别名】 不详。

【识别特征】 一年生草本。叶片倒卵形，基部楔形或渐狭成翅，边缘具深波状牙齿或锯齿。花序梗长，头状花序单生于长花序梗上，小花同形，多数。总苞圆筒状，总苞片单层，线状披针形。花冠蓝色、紫色或淡紫色，花柱分枝，顶端尖，具小乳突。瘦果。

【原产地】 非洲中南部、马达加斯加、毛里求斯。

【传入途径】 无意中引入。

【分布】 中国云南大部分地区（西北部、东北部除外），中国华南、西南、西北地区，亚洲、非洲。

【生境】 农田、荒地、路旁、草地。

【物候】 花期 12—翌年 4 月。

【风险评估】 Ⅲ级，局部入侵种；农田常见杂草，通常发生量不大，防控相对容易。

蓝花野茼蒿

Crassocephalum rubens (Juss. ex Jacq.) S. Moore

1. 生境，生于农田、荒地等；2. 叶片倒卵形，基部楔形或渐狭成翅，边缘具深波状牙齿或锯齿；3. 头状花序单生于长花序梗上，小花同形，多数，总苞圆筒状，总苞片单层，线状披针形；4. 花冠蓝色、紫色或淡紫色

238. 大丽花 *Dahlia pinnata* Cav.

菊科 Asteraceae　　大丽花属 *Dahlia*

【别名】 大丽菊、洋芍药、苕菊。

【识别特征】 多年生草本，有巨大棒状块根。茎直立，多分枝，粗壮；叶一至三回羽状全裂。头状花序，舌状花1层，白色、红色或紫色，常卵形。管状花黄色，有时栽培种全部为舌状花。瘦果长圆形，黑色，扁平，有2个不明显的齿。

【原产地】 墨西哥。

【传入途径】 有意引入。

【分布】 中国云南各州市有栽培（有逸野），中国各地均有栽培，亚洲、欧洲、非洲及美洲。

【生境】 路边、沟边、草坪、公园等。

【物候】 花果期6—10月。

【风险评估】 V级，有待观察种；栽培为主，或多或少可见有逸野发生，其危害有待进一步观察和评估。

大丽花

Dahlia pinnata Cav.

1、2. 生境，生于路边等，叶羽状全裂；3. 总苞片外层约 5 个，卵状椭圆形，叶质，内层膜质，椭圆状披针形，外层苞片反卷，舌状花多层，艳红色

239. 败酱叶菊芹

Erechtites valerianifolius
(Link ex Spreng.) DC.

菊科 Compositae   菊芹属 *Erechtites*

【别名】 飞机草、菊芹。

【识别特征】 一年生草本。茎直立，无毛；叶片长，具窄翅，叶片长圆形，两面无毛，羽状脉，边缘有锯齿或大头羽裂，上部叶较下部叶小。头状花序组成圆锥花序，直立或下垂，苞片线形；小花多，黄紫色，花冠丝状，中央小花略长于外围雌花。瘦果圆柱形，具 10～12 条淡褐色的细肋，无毛或被微柔毛；冠毛多层，细，白色，约与小花等长。

【原产地】 南美洲。

【传入途径】 有意引入，作为观赏植物引入。

【分布】 中国云南的昆明（西山）、西双版纳、红河（河口、屏边）、文山（麻栗坡）等地，中国西南、华南、华东地区，美洲、非洲、亚洲、大洋洲。

【生境】 常见于路边、荒地、苗圃、农田边、水沟边等。

【物候】 花果期 6—8 月。

【风险评估】 Ⅳ级，一般入侵种；一般杂草，常危害农田、茶园和果园等，发生量少，较好清除。

败酱叶菊芹

Erechtites valerianifolius (Link ex Spreng.) DC.

1、2. 一年生草本，叶柄长，具窄翅，叶片长圆形，两面无毛，羽状脉，边缘有锯齿或大头羽裂；3. 根为主根系，多分枝；4. 头状花序组成圆锥花序；5. 头状花序圆柱状或者狭钟状，总苞片线形，小花多，黄紫色，中央小花略长于外围雌花；6. 瘦果圆柱形，冠毛多层，白色

240. 一年蓬 *Erigeron annuus* (L.) Pers.

菊科 Asteraceae　　飞蓬属 *Erigeron*

【别名】 治疟草、千层塔、白顶飞蓬、野蒿。

【识别特征】 一年生或二年生草本。茎粗壮，被短硬毛；下部叶披针形，最上部叶线形，全部叶边缘被短硬毛，两面被疏短硬毛或有时近无毛。头状花序数个排列成疏圆锥花序；总苞半球形；舌片平展，白色，或有时淡天蓝色或淡粉色，线形。瘦果披针形，压扁状。

【原产地】 北美洲。

【传入途径】 无意中引入。

【分布】 中国云南大部分地区（尤以东北部最为常见），中国华北、华中、华东、华南、东北、西南地区，欧洲、美洲、亚洲。

【生境】 农田、路边、荒地。

【物候】 花期 6—9 月。

【风险评估】 Ⅱ级，严重入侵种；通常发生量不大，但在适生区常大面积发生，形成单一优势群落，侵入农田，对农作物造成严重危害。

一年蓬

Erigeron annuus (L.) Pers.

1. 生境，生于农田、路边等，茎粗壮，下部叶披针形，最上部叶线形，头状花序数个排列成疏圆锥花序；2. 外围的雌花舌状，白色、线形，中央的两性花管状，黄色；3. 总苞半球形，苞片披针形，背面密被腺毛和疏长节毛

241. 香丝草 *Erigeron bonariensis* L.

菊科 Asteraceae   飞蓬属 *Erigeron*

【别名】 蓑衣草、野地黄菊、野塘蒿。

【识别特征】 一年生或二年生草本。密被短毛，杂有开展的疏长毛。基生叶密集，倒披针形，通常具粗齿或羽状浅裂，茎生叶线形，具短柄或无柄，全缘，两面均密被贴糙毛。总苞椭圆状卵形或线形，顶端尖。瘦果线状披针形。

【原产地】 南美洲。

【传入途径】 无意中引入。

【分布】 中国云南各州市均有发现，中国华北、华中、华东、华南、东北、西南地区，欧洲、美洲、亚洲。

【生境】 荒地、田边、路旁。

【物候】 花期 5—10 月。

【风险评估】 Ⅰ级，恶性入侵种；常侵入农田和自然环境，排挤周围植物，影响生物多样性。

香丝草

Erigeron bonariensis L.

1. 生境，生于荒地、田边等；2. 根纺锤状，常斜伸，具纤维状根，基生叶密集，倒披针形，通常具粗齿或羽状浅裂，茎生叶线形，全缘，两面均密被贴糙毛；3. 总苞椭圆状卵形，膨大；4. 瘦果线状披针形，冠毛白色

242. 小蓬草 *Erigeron canadensis* L.

菊科 Asteraceae　　飞蓬属 *Erigeron*

【别名】 加拿大飞蓬、蒿子草、小飞蓬、小白酒草。

【识别特征】 一年生草本。茎被疏长硬毛,上部多分枝。中部和上部叶较小,叶片线状披针形或线形,全缘或少数具 1~2 个齿,两面被疏短毛。头状花序多数,排列成顶生多分枝的大圆锥花序。总苞近圆柱状,线形。舌状花,白色,线形。瘦果线状披针形。

【原产地】 美洲。

【传入途径】 无意中引入。

【分布】 中国云南各州市均有发现,中国华中、华南、华东、东北、西北、西南地区,美洲、欧洲、非洲、亚洲。

【生境】 荒地、田边和路旁。

【物候】 花期 5—9 月。

【风险评估】 Ⅰ 级,恶性入侵种;恶性杂草,常侵入农田大量发生,影响作物的生长,与本土植物竞争并形成排挤,影响生物多样性。

小蓬草

Erigeron canadensis L.

1～3. 生于荒地、路旁等，茎被疏长硬毛，上部多分枝；4、5. 中部和上部叶较小，叶片线状披针形或线形，全缘，两面被疏短毛；6. 头状花序多数，排列成顶生多分枝的大圆锥花序，总苞近圆柱状

243. 苏门白酒草 *Erigeron sumatrensis* Retz.

菊科 Asteraceae　　飞蓬属 *Erigeron*

【别名】 苏门白酒菊。

【识别特征】 一年生或二年生草本。茎粗壮，直立，被较密灰白色上弯糙短毛。下部叶倒披针形，中部和上部叶渐小，狭披针形，具齿或全缘，两面被密糙短毛。头状花序多数，在茎枝端排成圆锥花序；总苞卵状短圆柱形，总苞片3层，线状披针形或线形，顶端渐尖，背面被糙短毛，舌片淡黄色或淡紫色，丝状，顶端具2细裂。

【原产地】 南美洲。

【传入途径】 无意中引入。

【分布】 中国云南各州市均有发现，中国西南、华中、华南、华东等地区，美洲、非洲、亚洲。

【生境】 荒地、农田、路边、房前屋后。

【物候】 花期5—10月。

【风险评估】 Ⅰ级，恶性入侵种；恶性杂草，常侵入农田大面积发生，造成农作物严重减产，还可通过分泌化感物质排挤邻近其他植物，影响生物多样性。

苏门白酒草

Erigeron sumatrensis Retz.

1~4. 生境，生于荒地、房前屋后等，下部叶倒披针形，中部和上部叶渐小，狭披针形，具齿或全缘，两面被密糙短毛；5. 头状花序多数，在茎枝端排成圆锥花序；6. 总苞卵状短圆柱形，被毛

244. 天人菊　*Gaillardia pulchella* Foug.

菊科 Asteraceae　　　天人菊属 *Gaillardia*

【别名】 老虎皮菊、虎皮菊。

【识别特征】 一年生草本。茎分枝，斜伸，被短柔毛或锈色毛；下部叶匙形或倒披针形，边缘有波状钝齿，浅裂至琴状分裂。头状花序，总苞片披针形；舌状花黄色，基部带紫色，舌片宽楔形，顶端 2～3 裂；管状花裂片三角形，顶端渐尖成芒状。瘦果基部被长柔毛。

【原产地】 北美洲。

【传入途径】 有意引入。

【分布】 中国云南大部分州市有栽培（偶有逸野），中国西南、华南地区，欧洲、美洲、亚洲。

【生境】 荒地、路边等。

【物候】 花果期 6—8 月。

【风险评估】 Ⅳ级，一般入侵种；适应性强，各类生境均可发生，生长快，常危害农田、草坪。

天人菊

Gaillardia pulchella Foug.

1. 生境，生于荒地、路边、花坛等，叶匙形或倒披针形，边缘有波状钝齿；2. 头状花序，舌状花黄色，基部带紫色，顶端2～3裂，管状花裂片三角形；3. 总苞片披针形，边缘有长缘毛

245. 牛膝菊　*Galinsoga parviflora* Cav.

菊科 Asteraceae　　牛膝菊属 *Galinsoga*

【别名】 向阳花、辣子草、小黄花菜。

【识别特征】 一年生草本。茎纤细，被疏毛。叶对生，卵形，基部圆形，顶端渐尖，边缘具浅钝锯齿。头状花序半球形，舌状花 4~5 朵，舌片白色，顶端 3 齿裂；管状花黄色，花冠长约 1 mm，黄色，下部被稠密的白色短柔毛。瘦果黑色或黑褐色，常压扁状。

【原产地】 南美洲。

【传入途径】 无意中引入。

【分布】 中国云南各州市，中国华东、华南、华中、华北、西北、西南地区，美洲、非洲、欧洲、亚洲。

【生境】 农田、荒地、路边、湖边。

【物候】 花果期 7—10 月。

【风险评估】 Ⅱ级，严重入侵种；农田常见杂草，有时发生量较大，但防控相对容易。

牛膝菊

Galinsoga parviflora Cav.

1、2. 生境，生于农田、荒地等，（与粗毛牛膝菊相比）茎枝被疏毛，头状花序在茎和枝先端排成伞房状花序；3. 须根系，入土较浅，好清除；4、5. 叶对生，卵形，边缘具浅钝锯齿；6. 头状花序半球形，舌状花4～5朵，舌片白色，顶端3齿裂，管状花黄色；7. 总苞半球形或宽钟状

246. 粗毛牛膝菊

Galinsoga quadriradiata
Ruiz & Pav.

菊科 Asteraceae   牛膝菊属 *Galinsoga*

【别名】 睫毛牛膝菊、粗毛辣子草。

【识别特征】 一年生草本。茎多分枝，具浓密长柔毛。单叶，对生，具叶柄，卵形至卵状披针形，叶缘细锯齿状。头状花多数，顶生，具花梗，呈伞房状花序，总苞近球形，绿色，舌状花 5，白色；筒状花黄色，多数，具冠毛。果实为瘦果，黑色。

【原产地】 墨西哥。

【传入途径】 无意中引入。

【分布】 中国云南各州市，中国西南、华东、华南、东北地区，欧洲、美洲、非洲、亚洲。

【生境】 农田、林下、路边、溪边。

【物候】 花期 7—10 月。

【风险评估】 Ⅰ级，恶性入侵种；繁殖和扩散能力较牛膝菊强，适应性更广，对农作物和生态环境危害较严重。

粗毛牛膝菊

Galinsoga quadriradiata Ruiz & Pav.

1. 生境，生于农田、路边、荒地等；2~4. 与牛膝菊相比，茎枝密被开展稠密的长柔毛，尤其茎中上部；5. 舌状花5，白色，常3裂，筒状花黄色；6. 总苞近卵形，绿色

247. 光冠水菊 *Gymnocoronis spilanthoides* DC.

菊科 Asteraceae   裸冠菊属 *Gymnocoronis*

【别名】 裸冠菊。

【识别特征】 多年生水生或湿生草本。茎直立或基部横卧，具6棱，近无毛，匍匐茎多生须根。叶对生，叶片披针形至卵形，叶柄具沟槽，茎顶端的叶几乎无柄。头状花序排成顶生疏松伞房状，总花梗被毛，总苞半球形，管状花多数，花冠狭漏斗形，白色。瘦果黑色，棱柱状。

【原产地】 南美洲。

【传入途径】 无意中引入。

【分布】 中国云南的昆明、丽江、普洱等州市，中国西南、华南、华东等地区，亚洲、美洲、大洋洲。

【生境】 沟边、湿地。

【物候】 花期8—9月。

【风险评估】 Ⅳ级，一般入侵种；喜生长于河道、沟渠等湿地环境，影响湿地生态系统。

光冠水菊

Gymnocoronis spilanthoides DC.

1. 生境，生于沟边、湿地等；2. 叶对生，叶片披针形至卵形，叶柄具沟槽，茎顶端的叶几乎无柄；3. 匍匐茎多生须根；4. 头状花序排成顶生疏松伞房状，管状花多数，花冠狭漏斗形，白色

248. 菊芋 *Helianthus tuberosus* L.

菊科 Asteraceae　　向日葵属 *Helianthus*

【别名】 鬼子姜、洋姜、洋生姜。

【识别特征】 多年生草本。茎被刚毛。叶对生，下部叶卵圆形，边缘有粗锯齿，正面被白色短粗毛；上部叶长椭圆形，基部渐狭，顶端渐尖，短尾状。头状花序，单生于枝端，有 1~2 个线状披针形的苞叶，总苞片多层，披针形，背面被短伏毛。舌状花通常 12~20 朵，舌片黄色；管状花花冠筒状，黄色，先端 5 裂。瘦果小，楔形。

【原产地】 北美洲。

【传入途径】 有意引种。

【分布】 中国云南各地有栽培（偶见逸野），中国华北、华中、华东、东北、西南地区，欧洲、美洲、亚洲。

【生境】 农田、宅边、路边、荒地。

【物候】 花期 8—9 月。

【风险评估】 Ⅳ级，一般入侵种；栽培为主，罕见逸野，对生态环境危害较轻。

菊芋

Helianthus tuberosus L.

1. 生境，生于农田、宅边等，叶对生，头状花序单生于茎和分枝先端，直立；2、3. 舌状花通常 12~20 朵，长椭圆形，舌片黄色；4、5. 管状花花冠筒状，黄色，先端 5 裂，花药暗褐色；6.总苞片多层，披针形，背面被短伏毛

249. 白花猫儿菊

Hypochaeris albiflora (Kuntze) Azevedo-Goncalves & Matzenb.

菊科 Asteraceae　　猫耳菊属 *Hypochaeris*

【别名】 白花猫耳菊。

【识别特征】 多年生草本，全株具白色乳汁。茎直立，光滑或疏生开展的长柔毛；基生叶莲座状，近无柄。头状花单生或在茎枝顶端排成复伞房状花序，头状花序圆筒形至狭钟形，总苞 2 层，外层披针形，内层苞片线状披针形，头状花序具舌状白色小花。瘦果梭形，褐色，冠毛白色。

【原产地】 南美洲。

【传入途径】 无意中引入。

【分布】 中国云南的昆明，中国云南、贵州，美洲、非洲、亚洲、大洋洲。

【生境】 草地、路旁。

【物候】 花期 4—7 月，果期 6—10 月。

【风险评估】 Ⅳ级，一般入侵种；可侵入各类生境。

白花猫儿菊

Hypochaeris albiflora (Kuntze) Azevedo-Goncalves & Matzenb.

1. 生境，生于公园和城区的草地等，茎直立，基生叶莲座状，近无柄，幼苗与钻叶紫菀幼苗相近；2. 头状花序具舌状白色小花，总苞 2 层，外层披针形，内层苞片线状披针形；3. 瘦果梭形，褐色，冠毛白色

250. 假蒲公英猫儿菊

Hypochaeris radicata L.

菊科 Asteraceae　　猫耳菊属 *Hypochaeris*

【别名】 欧洲猫耳菊、猫耳菊。

【识别特征】 多年生草本。茎单一至数个，直立；叶莲座状，倒披针形，不裂或羽状半裂；花序梗长，头状花序伞状，舌状花黄色，先端 5 裂，管状花橙色。瘦果褐色，狭纺锤形或细圆柱形，有棱数条，密生向上的短小刺，喙细长，密生短刺；冠毛白色，羽毛状。

【原产地】 欧洲、非洲北部。

【传入途径】 无意中引入。

【分布】 中国云南的昆明、玉溪、曲靖、大理等州市，中国西南、华南地区，东亚、欧洲、北非、美洲热带地区。

【生境】 荒地、路边、沟边、草坪、林缘等。

【物候】 花果期 5—11 月。

【风险评估】 Ⅱ级，严重入侵种；适应性强，能侵入各类生境，在林缘也有分布，常危害草坪等景观，在农田发生量较大。

假蒲公英猫儿菊

Hypochaeris radicata L.

1. 生境，生于荒地、路边等，茎单一至数个，直立，花序梗长；2. 叶莲座状，倒披针形，大头羽裂，叶上有明显刺毛，叶片稍革质；3. 头状花序伞状，舌状花黄色，先端 5 裂，管状花橙色；4. 总苞多层，椭圆披针形，常绿色，苞片中脉明显

251. 野莴苣 *Lactuca serriola* L.

菊科 Asteraceae　　莴苣属 *Lactuca*

【别名】 银齿莴苣、毒莴苣、刺莴苣、阿尔泰莴苣。

【识别特征】 二年生草本。茎单生，直立，有白色硬刺或无。茎生叶倒披针形或长椭圆形，羽状浅裂、半裂或深裂，有时茎叶不裂，叶边缘常具细齿或刺齿，稀全缘，背面沿中脉被直刺毛。头状花序多数，在茎枝顶端排列成总状圆锥花序，总苞片5层，外面无毛，舌状小花7～15，黄色或黄白色。瘦果倒披针形，扁平，浅褐色。

【原产地】 地中海地区。

【传入途径】 无意中引入。

【分布】 中国云南的昆明、玉溪、楚雄、曲靖、昭通、大理等州市，中国大部分地区，欧洲、非洲、美洲、亚洲。

【生境】 荒地、草地、山谷、河滩、路边、农田。

【物候】 花果期5—7月。

【风险评估】 Ⅱ级，严重入侵种；适应性强，生长快，在荒地上能大范围生长，抑制生境中其他植物生长，影响生物多样性。

野莴苣

Lactuca serriola L.

1. 生境，常见于荒地、草地等；2. 叶倒披针形或长椭圆形，羽状浅裂、半裂或深裂，背面沿中脉被直刺毛；3. 头状花序多数，在茎枝顶端排列成总状圆锥花序，总苞片 5 层；4. 舌状小花 7～15，黄色

252. 微甘菊 *Mikania micrantha* Kunth

菊科 Asteraceae   假泽兰属 *Mikania*

【别名】 薇甘菊、假泽兰、蔓菊、山瑞香。

【识别特征】 多年生攀缘草质藤本。茎多分枝，被短柔毛或近无毛。叶对生，卵形，两面具许多腺点，基部心形，边缘全缘或有粗锯齿。头状花序排成复伞房花序。花冠宽钟状，白色，花丝外伸，花药淡褐色。瘦果黑色，被毛，具5棱，被腺体；冠毛白色。

【原产地】 中美洲。

【传入途径】 无意中引入。

【分布】 中国云南的红河、文山、玉溪、西双版纳、普洱、临沧、保山、德宏等州市，中国西南、华南、华东等地区，美洲、亚洲。

【生境】 林缘、路旁、荒地、农田、果园。

【物候】 花果期几乎全年。

【风险评估】 Ⅰ级，恶性入侵种；恶性杂草，繁殖和扩散能力强，发生量大，攀缘并覆盖其他植物，造成侵入地植物大量死亡，对生态环境危害严重。

微甘菊

Mikania micrantha Kunth

1. 生境，生于林缘、路旁等，攀缘草质藤本，茎多分枝；2. 叶对生，卵形，两面具许多腺点，基部心形，边缘全缘或有粗锯齿；3. 头状花序排成复伞房花序；4. 花冠宽钟状，白色，花丝外伸，花药淡褐色

253. 银胶菊　*Parthenium hysterophorus* L.

菊科 Asteraceae　　银胶菊属 *Parthenium*

【别名】 美洲银胶菊、鸡白果、白蒿枝。

【识别特征】 一年生草本。茎直立，多分枝，具条纹，被短柔毛；中下部叶二回羽状深裂，卵形，小羽片卵状，常具齿。头状花序多数，在茎枝顶端排成伞房花序，花梗长 3～8 mm，被粗毛。舌状花 1 层，白色，舌片卵形，顶端 2 裂。瘦果倒卵形，基部渐尖，干时黑色。

【原产地】 美洲热带地区。

【传入途径】 有意引入。

【分布】 中国云南大部分州市均有发现，中国西南、华中、华东、华南等地区，欧洲、美洲、亚洲。

【生境】 农田、旷地、路旁、河边及坡地。

【物候】 花期 4—10 月。

【风险评估】 Ⅱ级，严重入侵种；云南热带地区发生量较大，多发生于路边和农田，对农业生产和生态环境造成危害。

银胶菊

Parthenium hysterophorus L.

1～4. 生境，生于路边、农田、旷地等，茎直立，多分枝，头状花序多数，在茎枝顶端排成伞房花序；5、6. 中下部叶二回羽状深裂，卵形，小羽片卵状，常具齿；7. 花梗被粗毛，总苞片 2 层；8. 舌状花 1 层，白色，舌片卵形，顶端 2 裂

254. 假臭草

Praxelis clematidea (Hieron. ex Kuntze) R. M. King & H. Rob.

菊科 Asteraceae　　　假臭草属 *Praxelis*

【别名】 猫腥菊。

【识别特征】 一年生草本。全株被长柔毛，叶对生，卵圆形，具腥味。边缘粗锯齿状，先端锐尖。头状花序排成顶生的伞房花序，花序梗被短柔毛。总苞片狭钟状，2～3层。花冠蓝色，外面通常无毛。瘦果黑色。

【原产地】 南美洲。

【传入途径】 无意中引入。

【分布】 中国云南大部分中低海拔地区，中国华中、华东、华南、西南地区，美洲、亚洲。

【生境】 荒地、农田、果园、路边、草地。

【物候】 花果期几乎全年。

【风险评估】 Ⅱ级，严重入侵种；适应性强，种子数量多，繁殖率极高，能大面积占领农田、果园、绿地等。

假臭草

Praxelis clematidea (Hieron. ex Kuntze) R. M. King & H. Rob.

1. 生境，生于荒地、农田等；2、3. 叶对生，卵圆形，边缘粗锯齿状，先端锐尖；4～6. 全株被长柔毛，头状花序排成顶生的伞房花序，花序梗被短柔毛；7. 总苞片狭钟状，2～3层；8. 花冠蓝色

255. 欧洲千里光 *Senecio vulgaris* L.

菊科 Asteraceae 千里光属 *Senecio*

【别名】 欧千里光、欧洲狗舌草。

【识别特征】 一年生草本。叶无柄，长圆形，顶端钝，羽状浅裂至深裂，侧生裂片 3~4 对，长圆形。头状花序无舌状花，排成密集伞房花序，苞片顶端黑色，花冠黄色，檐部漏斗状。瘦果圆柱形，长 2~2.5 mm，沿肋有柔毛；冠毛白色。

【原产地】 欧洲及北非。

【传入途径】 无意中引入。

【分布】 中国云南大部分州市，中国西南、华南、华东、西北地区，美洲、欧洲、亚洲、非洲。

【生境】 山坡、路边、草地、花坛。

【物候】 花期 4—10 月。

【风险评估】 Ⅱ级，严重入侵种；在适生区能大范围生长，甚至可分布至高寒地区，形成单一优势群落，破坏生态平衡。

欧洲千里光

Senecio vulgaris L.

1. 生境，生于路边荒地；2、3. 叶无柄，长圆形，顶端钝，羽状浅裂至深裂，侧生裂片3～4对，长圆形；4. 头状花序，花冠黄色，檐部漏斗状；5. 瘦果圆柱形，沿肋有柔毛，冠毛白色

256. 高大一枝黄花 *Solidago altissima* L.

菊科 Asteraceae　　一枝黄花属 *Solidago*

【别名】 秋麒麟、麒麟草、幸福草。

【识别特征】 多年生草本。茎通常具短毛。叶近无柄，向基部逐渐变细，倒披针形。头状花序圆锥状排列，下弯，分枝发散，有时上升；小苞片线形，具柄腺；盘状小花通常 3～6 朵；花冠黄色，直径 2.3～3.6 mm。瘦果直径 0.5～1.5 mm。

【原产地】 北美洲。

【传入途径】 有意引入。

【分布】 中国云南的昆明、大理、普洱、文山等州市，中国西南、华东、华南、华中地区，东亚、西亚、北美洲、大洋洲。

【生境】 路边、林下、河边、荒地。

【物候】 花果期 7—11 月。

【风险评估】 Ⅰ级，恶性入侵种；恶性杂草，繁殖力极强，常大面积连片发生，防控难度极大，对社会经济、生态环境造成严重危害。

高大一枝黄花

Solidago altissima L.

1. 生境，生于路边、荒地等；2. 叶近无柄，向基部逐渐变细，倒披针形，渐尖；3. 头状花序圆锥状排列，下弯，分枝发散，有时向上；4. 小苞片线形，花冠黄色

257. 花叶滇苦菜 *Sonchus asper* (L.) Hill.

菊科 Asteraceae   苦苣菜属 *Sonchus*

【别名】 断续菊、续断菊。

【识别特征】 一年生草本。茎单生或少数茎簇生，直立。叶羽状浅裂、半裂或深裂，全部叶及裂片与抱茎的圆耳边缘有尖齿刺，两面光滑无毛，质地薄。总苞片3～4层，覆瓦状排列，全部苞片顶端急尖，外面光滑无毛。瘦果倒披针状，褐色。

【原产地】 欧洲和地中海地区。

【传入途径】 无意中引入。

【分布】 中国云南各州市，中国西南、华东、西北、东北地区，欧洲、亚洲、非洲、美洲。

【生境】 路边、农田、山坡、林缘及水边。

【物候】 花果期5—10月。

【风险评估】 Ⅲ级，局部入侵种；一般性杂草，通常发生量不大，对侵入地区的农作物和绿化景观造成影响。

花叶滇苦菜

Sonchus asper (L.) Hill.

1. 生境：生于路边、农田等；2、3. 叶羽状半裂，叶边缘有尖齿刺；4. 根倒圆锥状，褐色；
5. 总苞片 3～4 层，覆瓦状排列，全部苞片顶端急尖，外面光滑无毛；6. 瘦果倒披针状，
褐色

258. 南美蟛蜞菊

Sphagneticola trilobata
(L.) Pruski

菊科 Asteraceae　　　蟛蜞菊属 *Sphagneticola*

【别名】 穿地龙、地锦花、三裂叶蟛蜞菊、三裂蟛蜞菊。

【识别特征】 多年生草本；茎匍匐，上部茎近直立，光滑无毛或微被柔毛。叶对生，椭圆形，叶上有 3 裂，两面被贴生的短粗毛，几近无柄。头状花序，多单生；外围雌花 1 层，舌状，顶端 2～3 齿裂，黄色；中央两性花，黄色，结实。瘦果倒卵形或楔状长圆形。

【原产地】 美洲热带地区。

【传入途径】 有意引入。

【分布】 中国云南南部和西南部，中国西南、华南、华东地区，美洲、亚洲、非洲。

【生境】 路边、林下、湿地、草地。

【物候】 花期几乎全年。

【风险评估】 Ⅱ级，严重入侵种；野外种群扩散迅速，具化感作用，抑制其他植物的生长，对林业、园林业危害严重。

南美蟛蜞菊

Sphagneticola trilobata (L.) Pruski

1、2. 生境，生于路边、草地等；3. 叶卵形，有锯齿，几近无柄；4. 头状花序，舌状花黄色，顶端 2～3 齿裂，中央两性花，黄色；5. 总苞片 2 层，披针形或矩圆形，内列较小

259. 钻叶紫菀

Symphyotrichum subulatum
(Michx.) G. L. Nesom

菊科 Asteraceae　　联毛紫菀属 *Symphyotrichum*

【**别名**】 钻形紫菀、窄叶紫菀、美洲紫菀、尖刀菜。

【**识别特征**】 一年生草本植物。茎上部有分枝；叶互生，全缘，无柄，基部叶倒披针形，中部叶线状披针形，上部叶渐狭线形。头状花序排列成顶生的圆锥花序，总苞钟状，总苞片 3～4 层，线状钻形，外层较短，内层较长，舌状花细狭，白色或粉红色，管状花黄色；瘦果略有毛。

【**原产地**】 北美洲。

【**传入途径**】 无意中引入。

【**分布**】 中国云南各州市，中国大部分地区，东亚、南亚、西亚、美洲部分地区、大洋洲。

【**生境**】 路旁、草地、沟渠、农田边。

【**物候**】 花果期 9—11 月。

【**风险评估**】 Ⅱ级，严重入侵种；扩散迅速，适应性强，种群数量大，常形成单一优势群落；危害作物、果园和生态环境。

钻叶紫菀

Symphyotrichum subulatum (Michx.) G. L. Nesom

1、2. 生境，生于沟渠、农田、草地等，茎上部有分枝；3. 幼苗，叶互生，全缘，无柄，披针形；4. 头状花序，总苞钟状，总苞片 3～4 层，线状钻形；5. 舌状花细且狭小，白色或粉红色，管状花黄色

260. 金腰箭 *Synedrella nodiflora* (L.) Gaertn.

菊科 Asteraceae　　金腰箭属 *Synedrella*

【别名】 黑点旧。

【识别特征】 一年生草本。茎直立，二歧分枝。叶阔卵形，基部下延成翅状宽柄，两面被糙毛。小花黄色，总苞卵形，外层总苞片绿色，披针形或卵状长圆形。舌片椭圆形，顶端2浅裂。管状花裂片卵状。瘦果倒锥形。

【原产地】 美洲热带地区。

【传入途径】 无意中引入。

【分布】 中国云南的西双版纳、临沧、普洱、保山、红河等州市，中国西南、华东、华南地区，美洲、非洲、亚洲。

【生境】 旷野、耕地、路旁及宅旁。

【物候】 花期6—10月。

【风险评估】 Ⅲ级，局部入侵种。一般性杂草，常见于道路两旁，发生量不大，危害较轻。

金腰箭

Synedrella nodiflora (L.) Gaertn.

1. 生境，生于旷野等，茎直立，二歧分枝；2. 叶常簇生于枝顶，披针形，基部下延成翅状宽柄，被糙毛；3. 小花黄色，总苞卵形，外层总苞片绿色，披针形或卵状长圆形

261. 万寿菊 *Tagetes erecta* L.

菊科 Asteraceae　　万寿菊属 *Tagetes*

【别名】 臭芙蓉、孔雀草。

【识别特征】 一年生草本。叶羽状分裂，裂片长椭圆形，边缘具锐锯齿。头状花序单生，花序梗顶端棍棒状膨大。总苞杯状，顶端具尖齿。舌状花黄色，舌片倒卵形；管状花花冠黄色，冠檐5齿裂。瘦果线形。

【原产地】 墨西哥。

【传入途径】 有意引入。

【分布】 中国云南大部分州市（尤以干热地区常见），中国西南、华东、华南、华中、东北地区，欧洲、美洲、亚洲、非洲。

【生境】 路旁、花坛、宅边、花坛、荒地。

【物候】 花期7—9月。

【风险评估】 Ⅲ级，局部入侵种；多作为观赏植物栽培，常见逸野，通常种群密度不大，易于防控。

万寿菊

Tagetes erecta L.

1. 生境，生于路边、河边等，一年生直立草本，多分枝；2、3. 叶片一回羽状，小叶边缘
具锐锯齿；4. 头状花序单生，花序梗顶端棍棒状膨大，总苞杯状；5. 舌状花橙黄色，舌片
倒卵形，冠檐5齿裂，管状花花冠黄色

262. 药用蒲公英

Taraxacum officinale F. H. Wigg.

菊科 Asteraceae　　蒲公英属 *Taraxacum*

【别名】 西洋蒲公英、洋蒲公英。

【识别特征】 多年生草本。根颈部密被黑褐色残存叶基。叶狭倒卵形，常大头羽状深裂或羽状浅裂。花葶多数，长于叶，顶端被丰富的蛛丝状毛，基部常显红紫色；头状花序，舌状花亮黄色，总苞宽钟状，绿色，外层总苞片反卷。瘦果浅黄褐色，冠毛白色。

【原产地】 欧洲。

【传入途径】 无意中引入。

【分布】 中国云南各州市，全中国，亚洲、欧洲、非洲、美洲、大洋洲。

【生境】 荒地、路边、沟边、草坪、公园。

【物候】 花果期6—8月。

【风险评估】 Ⅲ级，局部入侵种；一般性杂草，各类生境均可生长，通常发生量不大，易于控制。

药用蒲公英

Taraxacum officinale F. H. Wigg.

1. 生境，生于荒地、路边、草地等；2、3. 叶狭倒卵形，常大头羽状深裂或羽状浅裂；
4. 头状花序，舌状花亮黄色；5. 总苞宽钟状，绿色，外层总苞片反卷；6. 果序，冠毛白
色；7. 瘦果浅黄褐色，中部以上有大量小尖刺

263. 肿柄菊 *Tithonia diversifolia* (Hemsl.) A. Gray

菊科 Asteraceae　　肿柄菊属 *Tithonia*

【别名】 假向日葵、王爷葵、青光菊。

【识别特征】 一年生草本。叶卵形，3～5 深裂，有长叶柄，上部叶有时不分裂，裂片卵形，边缘有细锯齿。头状花序大，舌状花单层，黄色，舌片长卵形，顶端有不明显的 3 齿；管状花黄色。瘦果长椭圆形。

【原产地】 墨西哥和危地马拉。

【传入途径】 有意引入。

【分布】 中国云南大部分中低海拔地区，中国西南、华南、华东地区，非洲、亚洲、美洲。

【生境】 荒地、路边、农田、林缘、宅边、河谷。

【物候】 花果期 9—11 月。

【风险评估】 Ⅰ 级，恶性入侵种；恶性杂草，繁殖能力强，扩散迅速，植株密度大，对入侵地生态环境和农业生产造成严重影响。

肿柄菊

Tithonia diversifolia (Hemsl.) A. Gray

1. 生境，生于荒地、路边等；2. 幼苗，叶卵形，3～5 深裂，有长叶柄，上部叶有时不分裂，裂片卵形，边缘有细锯齿；3. 头状花序大，舌状花单层，黄色，舌片长卵形，管状花黄色；4. 瘦果长椭圆形

264. 羽芒菊 *Tridax procumbens* L.

菊科 Asteraceae　　羽芒菊属 *Tridax*

【别名】 长柄菊。

【识别特征】 多年生铺地草本。茎被倒向糙毛。叶片披针形，边缘具粗齿，近基部常浅裂。头状花序单生于茎、枝顶端，花序梗被白色疏毛。总苞片 2～3 层，外层绿色，两性花多数，花冠管状，被短柔毛。瘦果陀螺形、倒圆锥形或稀圆柱状，干时黑色。

【原产地】 美洲热带地区。

【传入途径】 无意中引入。

【分布】 中国云南大部分中低海拔地区，中国西南、华南、华东地区，美洲、非洲、亚洲。

【生境】 旷野、荒地、坡地、路边。

【物候】 花期 11—翌年 3 月。

【风险评估】 Ⅲ级，局部入侵种；多见于干热地区，发生量不大，会对入侵地的生态环境造成一定的影响。

羽芒菊

Tridax procumbens L.

1. 生境，生于路边、旷野、荒地；2、3. 茎常灰色，被倒向糙毛，叶片披针形，边缘具粗齿，两面被疣状糙伏毛；4、5. 头状花序，单生于茎、枝顶端，雌花1层，舌状，舌片长圆形，两性花多数，花冠管状，总苞片2~3层，外层绿色；6. 瘦果倒圆锥形或稀圆柱状，密被疏毛，冠毛上部污白色，下部黄褐色

265. 百日菊   *Zinnia elegans* Jacq.

菊科 Asteraceae   百日菊属 *Zinnia*

【别名】 火毡花、百日草、步步登高、节节高、鱼尾菊。

【识别特征】 一年生草本。茎被糙毛或长硬毛。叶宽卵圆形，基部稍心形、抱茎，两面粗糙，背面被密的短糙毛。总苞宽钟状，总苞片多层，宽卵形。舌状花深红色、玫瑰色、紫堇色或白色，舌片倒卵圆形，管状花黄色或橙色，先端裂片卵状披针形。

【原产地】 墨西哥。

【传入途径】 有意引入。

【分布】 中国云南各地有栽培（偶有逸野），中国西南、东北、华南、华北地区，欧洲、非洲、亚洲、美洲。

【生境】 宅边、路边、荒野、绿化带。

【物候】 花期 6—9 月，果期 7—10 月。

【风险评估】 Ⅲ级，局部入侵种；多作为观赏植物栽培，偶有逸野，未见有明显入侵危害。

百日菊

Zinnia elegans Jacq.

1. 一年生草本，生于路边、荒地等，茎直立，常分枝；2、3. 叶宽卵形，基部稍心形、抱茎，叶脉显著；4、5. 头状花序顶生，花直径为 5 ～ 6.5 cm，舌状花 1 轮，舌片玫瑰色或粉色，倒卵圆形，管状花黄色；6. 总苞宽钟状，总苞片多层，宽卵形

266. 多花百日菊 *Zinnia peruviana* (L.) L.

菊科 Asteraceae　　百日菊属 *Zinnia*

【别名】 山菊花、五色梅。

【识别特征】 一年生草本。茎被粗糙毛，叶披针形，基部圆形半抱茎，两面被短糙毛。头状花序排列成伞房状圆锥花序。花序梗膨大成中空圆柱状。总苞片多层，长圆形，顶端钝圆形。舌状花黄色、紫红色或红色，舌片椭圆形，全缘或先端 2～3 齿裂；管状花红黄色。

【原产地】 中南美洲。

【传入途径】 有意引入。

【分布】 中国云南中部、西北部、东北部（尤以干热河谷常见），中国西南、华北、华南、华中地区，亚洲、非洲、美洲。

【生境】 山坡、草地、路边、河谷。

【物候】 花期 6—10 月，果期 7—11 月。

【风险评估】 Ⅲ级，局部入侵种；多发生于干热地区，种群数量通常不大，主要对当地生态环境造成影响。

多花百日菊

Zinnia peruviana (L.) L.

1. 生境，生于山坡等，茎被粗糙毛，叶披针形；2. 头状花序生于枝顶和叶腋，排列成伞房状圆锥花序；3. 舌状花黄色、紫红色或红色，舌片椭圆形，全缘或先端 2～3 齿裂；4. 花序梗膨大成中空圆柱状

267. 南美天胡荽

Hydrocotyle verticillata
Thunb.

五加科 Araliaceae   天胡荽属 *Hydrocotyle*

【别名】 香菇草、铜钱草、盾叶天胡荽。

【识别特征】 多年生挺水或湿生草本。全株光滑无毛；根茎发达，节上常生不定根；叶膜质，叶片圆形盾状，叶缘波状具钝圆锯齿；叶具长柄，光滑。伞形花序总状排列，花两性，花瓣白色。双悬果，二侧扁平，背棱和中棱明显。

【原产地】 美洲热带地区。

【传入途径】 有意引入。

【分布】 中国云南南部至中部，中国西南、华东、华南地区，全球热带至温带地区。

【生境】 农田、湿地、草坪等。

【物候】 花果期 3—10 月。

【风险评估】 Ⅲ级，局部入侵种；多见于潮湿地或水沟，有时发生量较大，具有较大的扩散风险。

南美天胡荽

Hydrocotyle verticillata Thunb.

1. 生境，常见于石缝、水沟边等；2、3. 叶片圆形盾状，叶缘波状具钝圆锯齿，叶具长柄，光滑；4. 伞形花序总状排列；5. 花两性，花瓣白色；6. 双悬果，二侧扁平，背棱和中棱明显

268. 细叶旱芹

Cyclospermum leptophyllum (Pers.)
Sprague ex Britton & P. Wilson

伞形科 Umbelliferae　　　细叶旱芹属 Cyclospermum

【别名】 茴香芹、细叶芹。

【识别特征】 一年生草本。茎多分枝，光滑；基生叶有柄，叶片长圆形至长圆状卵形，三至四回羽状多裂，裂片线形至丝状；茎生叶通常三出式羽状多裂，裂片线形。复伞形花序顶生或腋生，花瓣白色、绿白色或略带粉红色。果实圆心脏形或圆卵形。

【原产地】 南美洲。

【传入途径】 无意中引入。

【分布】 中国云南大部分州市，中国华南、华中、华东、西南地区，全球热带至温带地区。

【生境】 农田、路边、湿地、草坪等。

【物候】 花期 5 月，果期 6—7 月。

【风险评估】 Ⅱ级，严重入侵种；农田、园林绿地常见杂草，有时发生量较大，影响农作物生长，对园林景观植物生长造成影响。

细叶旱芹

Cyclospermum leptophyllum (Pers.) Sprague ex Britton & P. Wilson

1. 生境，常见于路边；2. 茎多分枝，光滑，基生叶有柄，叶三至四回羽状多裂，裂片线形至丝状，复伞形花序顶生或腋生；3. 花瓣白色、绿白色或略带粉红

269. 野胡萝卜 *Daucus carota* L.

伞形科 Umbelliferae   胡萝卜属 *Daucus*

【别名】 鹤虱草、假胡萝卜、南鹤虱。

【识别特征】 二年生草本。茎单生，全体有白色粗硬毛；基生叶薄膜质，长圆形，二至三回羽状全裂，末回裂片线形或披针形，茎生叶近无柄，有叶鞘。复伞形花序，花序梗长，有糙硬毛，总苞有多数苞片，呈叶状，花通常白色，有时带淡红色。果实圆卵形，棱上有白色刺毛。

【原产地】 欧洲、亚洲西南部。

【传入途径】 有意引入。

【分布】 中国云南中部、西部、西北部、北部和东北部，中国大部分地区，欧洲、亚洲。

【生境】 农田、路边、荒地、园林绿地。

【物候】 花果期 5—7 月。

【风险评估】 Ⅱ级，严重入侵种；常侵入各类环境，能形成大片单一优势群落，侵占当地植物生存空间，破坏生态环境，造成经济损失。

野胡萝卜

Daucus carota L.

1. 生境，常见于路边荒地等；2. 果实圆卵形；3、4. 总苞有多数苞片，呈叶状，小总苞片
5～7枚，线形，2～3裂，边缘膜质，具纤毛；5～7. 叶长圆形，二至三回羽状全裂；8. 茎
单生，有白色粗硬毛；9. 根直立粗壮；10～12. 复伞形花序，花通常白色，有时带淡红色

270. 刺芹　*Eryngium foetidum* L.

伞形科 Umbelliferae　　刺芹属 *Eryngium*

【别名】 香菜、缅芫荽、假芫荽、香信、刺芫荽、节节花、野香草、假香荽、大香菜。

【识别特征】 二年生草本。茎绿色，直立，无毛；基生叶披针形或倒披针形，不分裂，革质；茎生叶对生，无柄，边缘有深锯齿，齿尖刺状。头状花序生于叶腋及上部枝条的短枝上，无花序梗，总苞片叶状，披针形，花瓣白色、淡黄色或草绿色。果卵圆形或球形。

【原产地】 中美洲。

【传入途径】 有意引入。

【分布】 中国云南南部、西南部，中国西南、华南地区，欧洲、亚洲、美洲、澳大利亚。

【生境】 路边、荒地、山地、林下、水沟边。

【物候】 花果期 4—12 月。

【风险评估】 Ⅲ级，局部入侵种；多为栽培，常见逸野，通常发生量有限，且常被人为采收，危害不大。

刺芹

Eryngium foetidum L.

1. 生境，常见于路边荒地；2. 茎生叶对生，无柄，边缘有深锯齿，齿尖刺状；3. 头状花序生于上部枝条的短枝上，呈球形

参考
文献

［1］曹志艳，张金林，王艳辉，等 . 外来入侵杂草刺果瓜（ *Sicyos angulatus* L.）严重危害玉米 [J]. 植物保护，2014，40（2）：187-188.

［2］陈又生 . 蓝花野茼蒿，中国菊科一新记录归化种 [J]. 热带亚热带植物学报，2010，18（1）：47-48.

［3］董梅，陆建忠，张文驹，等 . 加拿大一枝黄花：一种正在迅速扩张的外来入侵植物 [J]. 植物分类学报，2006，44（1）：72-85.

［4］符永燕，符家达 . 耕牛无刺含羞草中毒 [J]. 中国兽医杂志，1999，25（8）：56.

［5］付增娟 . 黑荆和银荆的生物入侵研究 [D]. 北京：中国林业科学研究院，2005.

［6］高天刚，刘演 . 中国菊科泽兰族的一个新归化属：裸冠菊属 [J]. 植物分类学报，2007，45（3）：329-332.

［7］顾建中，史小玲，向国红，等 . 外来入侵植物斑地锦生物学特性及危害特点研究 [J]. 杂草科学，2008（1）：19-22+42.

［8］管志斌，邓文华，黄志玲，等 . 西双版纳外来入侵植物初步调查 [J]. 热带农业科技，2006，29（4）：35-38.

［9］郭怡卿，马博，申开元，等 . 昆明大豆地里发现检疫性杂草宽叶酢浆草 [J]. 云南农业科技，2018（4）：52-54.

［10］韩学俊，雷发有 . "野生"扁穗雀麦简介 [J]. 草业科学，1984，1（1）：55-56.

［11］何丽娟，池敏杰，林德钦，等 . 福建省蕨类植物新纪录种：粉叶蕨 [J]. 亚热带植物科学，2019，48（4）：354-355.

［12］胡发广，段春芳，刘光华 . 云南怒江干热河谷区农田外来入侵杂草的调查 [J]. 杂草科学，2007（4）：20-23.

［13］胡媛媛，李铷，郭怡卿 . 外来入侵杂草宽叶酢浆草的研究进展 [J]. 植物检疫，2021，35（2）：1-7.

［14］金效华，林秦文，赵宏 . 中国外来入侵植物志：第四卷 [M]. 上海：上海交通大学出版社，2020.

［15］孔国辉，吴七根，胡启明，等 . 薇甘菊（ *Mikania micrantha* H. B. K.）的形态、分类与生态资料补记 [J]. 热带亚热带植物学报，2000，8（2）：128-130.

［16］蓝来娇，马涛，朱映，等 . 外来入侵植物光荚含羞草的研究进展 [J]. 河北林业科技，2019（1）：47-52.

［17］李宏玉 . 小子虉草和奇异虉草的识别与防除 [J]. 云南农业科技，2015（5）：48-50.

［18］李嵘 . 云南湿地外来入侵植物图鉴（第 1 卷）[M]. 昆明：云南科技出版社，2014.

［19］李世刚，李宇然，李萍萍，等 . 中国两种新归化植物：巴尔干大戟和假蒿 [J]. 亚热带植物科学，2022，51（2）：142-147.

［20］李乡旺，胡志浩，胡晓立，等 . 云南主要外来入侵植物初步研究 [J]. 2007，27（6）：5-10.

［21］李霄峰，刘振中，张凤山，等 . 新外来入侵植物刺果瓜的传播途径及防控措施 [J]. 河北农业，

2018（2）：32-34.

[22] 李兴盛，叶雨亭，奚佳诚，等 . 外来入侵杂草宽叶酢浆草在云南的分布与危害调查 [J]. 植物检疫，2020，34（2）：67-72.

[23] 李娅娟，何晓滨 . 云南省主要土壤类型养分状况及变化特征 [J]. 中国农技推广，2014，30（8）：35-37.

[24] 李振宁，解焱 . 中国外来入侵植物 [M]. 北京：中国林业出版社 . 2002.

[25] 李治深，吴纪经，刁晓平，等 . 骆驼无刺含羞草中毒病例报告 [J]. 中兽医学杂志，1996（4）：16-17.

[26] 梁维敏 . 少花蒺藜草的特征、危害及防控措施 [J]. 园艺与种苗，2012（2）：52-53.

[27] 林建勇，潘良浩，刘道芳，等 . 广西外来入侵植物新记录属：合欢草属 [J]. 福建林业科技，2021，48（2）：79-82.

[28] 林沛林，李一平，王燕鹏 . 锦屏藤的栽培管理 [J]. 南方农业（园林花卉版），2008，2（4）：70.

[29] 刘全儒，张勇，齐淑艳 . 中国外来入侵植物志：第三卷 [M]. 上海：上海交通大学出版社，2020.

[30] 罗娅婷，王泽明，崔现亮，等 . 白花鬼针草的繁殖特性及入侵性 [J]. 生态学杂志，2019，38（3）：655-662.

[31] 马金双，李惠茹 . 中国外来入侵植物名录 [M]. 北京：高等教育出版社，2018.

[32] 马金双 . 中国入侵植物名录 [M]. 北京：高等教育出版社，2013.

[33] 马金双 . 中国外来入侵植物调研报告（上、下卷）[M]. 北京：高等教育出版社，2014.

[34] 马兴达，王焕冲，张荣桢，等 . 狮耳草属：中国唇形科植物一新归化属 [J]. 广西植物，2017，37（7）：921-925.

[35] 缪丽华，陈煜初，石峰，等 . 湿地外来植物再力花入侵风险研究初报 [J]. 湿地科学，2010，8（4）：395-400.

[36] 缪丽华，季梦成，王莹莹，等 . 湿地外来植物香菇草（*Hydrocotyle vulgaris*）入侵风险研究 [J]. 浙江大学学报（农业与生命科学版），2011，37（4）：425-431.

[37] 莫南，段鸿娟，张晓梅，等 . 芒市麦田毒麦、野燕麦发生原因及防除措施 [C]// 中国植物保护学会 . 公共植保与绿色防控 . 北京：中国农业科学技术出版社，2010：437-439.

[38] 乔娣，杨凤，曹建新，等 . 桑叶西番莲：中国西番莲科植物新归化种 [J]. 广西植物，2017，37（11）：1443-1446.

[39] 瞿路，田琴，陆艳妃，等 . 云南省两种新记录归化植物 [J]. 生物资源，2022，44（2）：219-221.

[40] 申时才，张付斗，徐高峰，等 . 云南外来入侵农田杂草发生与危害特点 [J]. 西南农业学报，2012，25（2）：554-561.

[41] 沈利峰，王韬，刘烨，等 . 怒江流域外来入侵植物的分布及其影响因素 [J]. 公路交通科技（应用技术版），2013，9（5）：289-293.

[42] 唐赛春，吕仕洪，何成新，等 . 外来入侵植物银胶菊在广西的分布与危害 [J]. 广西植物，2008（2）：197-200.

[43] 陶川.云南普洱外来入侵植物的初步调查[J].思茅师范高等专科学校学报,2012,28(6):1-5.

[44] 陶永祥,赵建伟,王兰新,等.西双版纳自然保护区外来入侵植物现状调查[J].山东林业科技,
    2017,47(1):58-61.

[45] 田兴山,岳茂峰,冯莉,等.外来入侵杂草白花鬼针草的特征特性[J].江苏农业科学,2010(5):
    174-175.

[46] 万方浩,郭建英,王德辉.中国外来入侵生物的危害与管理对策[J].生物多样性,2002(1):
    119-125.

[47] 万方浩,侯有明,蒋明星.入侵生物学[M].北京:科学出版社,2015.

[48] 王岑,党海山,谭淑端,等.三峡库区苏门白酒草(*Conyza sumatrensis*)化感作用与入侵性研
    究[J].武汉植物学研究,2010,28(1):90-98.

[49] 王焕冲,万玉华,王崇云,等.云南种子植物中的新入侵和新分布种[J].云南植物研究,2010,
    32(3):227-229.

[50] 王秋萍,沈微,张坤,等.白花猫儿菊和黄果龙葵:中国大陆两种新归化植物[J].广西植物,
    2019,39(12):1724-1728.

[51] 王瑞江,王发国,曾先锋.中国外来入侵植物志:第二卷[M].上海:上海交通大学出版社,2020.

[52] 王四海,孙卫邦,成晓,等.外来植物肿柄菊(*Tithonia diversifolia*)的繁殖特性及其地理扩
    散[J].生态学报,2008,28(3):1307-1313.

[53] 王真辉,安锋,陈秋波.外来入侵杂草:假臭草[J].热带农业科学,2006,26(6):33-37.

[54] 韦春强,赵志国,丁莉,等.广西新记录入侵植物[J].广西植物,2013,33(2):275-278.

[55] 韦美玉,陈世军,刘丽萍.外来入侵植物粉花见草的繁殖生物学特性[J].广西植物,2009,29
    (2):227-230+221.

[56] 魏宝祥.苇状羊茅在昆明地区的引种及种性研究初报[J].云南农业大学学报,2002,17(3):
    303-306.

[57] 吴富勤,谢靖,郑静楠,等.云南省重点保护野生植物濒危等级和资源多样性[J].福建林业科技,
    2022,49(4):120-124.

[58] 吴彦琼,胡玉佳,廖富林.从引进到潜在入侵的植物:南美蟛蜞菊[J].广西植物,2005,25(5):
    413-418.

[59] 伍立群,郭有安,付保红.云南冰川资源价值及合理开发研究[J].人民长江,2004,35(10):
    35-37.

[60] 席辉辉,吴丽新,冯景秋,等.中国大陆地区一种归化植物新记录:二十蕊商陆(*Phytolacca
    icosandra* L.)[J].生态环境学报,2021,30(8):1555-1560.

[61] 徐成东,陆树刚.云南的外来入侵植物[J].广西植物,2006,26(3):227-234.

[62] 徐海根,强胜.中国外来入侵生物(上册)[M].北京:科学出版社,2018.

[63] 徐永福,喻勋林.田茜(茜草科):中国大陆新归化植物[J].植物科学学报,2014,32(5):

450-452.

[64] 许桂芳，刘明久，李雨雷. 紫茉莉入侵特性及其入侵风险评估 [J]. 西北植物学报，2008，28（4）：765-770.

[65] 许瑾. 外来入侵种光荚含羞草在我国的分布及防控 [J]. 杂草科学，2014，32（2）：41-43.

[66] 许薇，王磊. 保山市外来入侵生物奇异虉草发生情况及防控对策 [J]. 农业开发与装备，2016（5）：46.

[67] 许文超. 河北省外来入侵植物的调查分析 [J]. 农业与技术，2017，37（22）：64.

[68] 许文超，鲁学军. 刺果瓜的危害及防控 [J]. 现代农村科技，2017（7）：32.

[69] 许再文，蒋镇宇，彭镜毅. 台湾十字花科的新归化植物：南美独行菜 [J]. 特有生物研究，2005，7（1）：89-94.

[70] 许再文，朱恩良. 台湾柳叶菜科的新归化植物：美丽月见草 [J]. 台湾生物多样性研究，2019，21（4）：257-263.

[71] 严靖，唐赛春，李惠茹，等. 中国外来入侵植物志：第五卷 [M]. 上海：上海交通大学出版社，2020.

[72] 严靖，闫小玲，马金双. 中国外来入侵植物彩色图鉴 [M]. 上海：上海科学技术出版社，2016.

[73] 闫小玲，寿海洋，马金双. 中国外来入侵植物研究现状及存在的问题 [J]. 植物分类与资源学报，2012，34（3）：287-313.

[74] 闫小玲，严靖，王樟华，等. 中国外来入侵植物志：第一卷 [M]. 上海：上海交通大学出版社，2020.

[75] 杨一光. 云南省综合自然区划 [M]. 北京：高等教育出版社，1991.

[76] 杨忠兴，陶晶，郑进烜. 云南湿地外来入侵植物特征研究 [J]. 西部林业科学，2014，43（1）：54-61.

[77] 叶康，奉树承，褚晓芳. 江苏归化植物新记录属：凯氏草属 [J]. 种子，2014，33（3）：59-60.

[78] 于胜祥，陈瑞辉. 中国口岸外来入侵植物彩色图鉴 [M]. 郑州：河南科学技术出版社，2020.

[79]《云南河湖》编纂委员会. 云南河湖 [M]. 昆明：云南科技出版社，2010.

[80]《云南植被》编写组. 云南植被 [M]. 北京：科学出版社. 1987.

[81] 张建，王朝晖. 外来有害植物一年蓬生物学特性及危害的调查研究 [J]. 农业科技通讯，2009（6）：105-106.

[82] 张克亮，于顺利. 北京境内的新外来入侵植物：刺果瓜 [J]. 北京农业，2015（3）：216.

[83] 张玉娟，张乃明，高阳俊，等. 云南省生物入侵现状分析 [J]. 云南环境科学，2004，23（1）：10-14.

[84] 赵见明. 瑞丽主要外来入侵植物 [J]. 西南林学院学报，2007，27（1）：20-14.

[85] 郑咏梅. 望江南籽中毒 5 例报告 [J]. 实用医学杂志，1989，5（2）：34-35.

[86] 郑子洪，陈锋，陈坚波，等. 发现于浙江的 2 种归化新记录植物 [J]. 浙江林业科技，2021，41（6）：91-94.

[87] 中国科学院植物研究所.中国高等植物图鉴[M].北京:科学出版社,1983.

[88] 中国科学院植物志编辑委员会.中国植物志:第六卷 第二分册[M].北京:科学出版社,2000:345.

[89] 中国科学院《中国自然地理》编辑委员会.中国自然地理总论[M].北京:科学出版社,1985.

[90] 周道贤,叶公权.水牛采食无刺含羞草中毒的调查报告[J].中国兽医杂志,1984(1):98.

[91] 朱长山,朱世新.铺地藜:中国藜属一新归化种[J].植物研究,2006(2):2131-2132.

[92] 朱慧,马瑞君,李云,等.两种含羞草科入侵植物的化感作用初探[J].西北农业学报,2009,18(4):113-116.

[93] 庄馥萃.一些引种的热带、亚热带植物学名问题[J].亚热带植物科学,1990(1):47-51.

[94] 大井・東馬哲雄,田中伸幸,大西亘,等.帰化植物バルカンノウルシ(トウダイグサ科)の国内の分布と生育状況[J].J. Jpn. Bot,2021,96(5):297-303.

[95] DUNN P. The distribution of leafy spurge (*Euphorbia esula*) and other weedy *Euphorbia* spp. in the United States[J]. Weed Science, 1979, 27(5), 509-516.

[96] LIN W, ZHOU G F, CHENG X Y, et al. Fast economic development accelerates biological invasions in China [J]. PLoS ONE, 2007, 2(11): e1208.

[97] MA J S, MICHAEL G G. *Euphorbia* L. in Flora of China [M]. Beijing: Science Press; St. Louis: Missouri Botanical Garden Press, 2008.

[98] SMIRH A V. Some noteworthy plants recently found in the coastal plain of Maryland and Delaware[J]. Rhodora, 1939, 41(483): 111-112.

[99] WU Z Y, RAVEN P H. Flora of China: Vol 23[M]. Beijing: Science Press, St. Louis: Missouri Botanical Garden Press, 2010.

[100] YAN X L, WANG Z H, MA J S. The checklist of the naturalized plants in China[M]. Shanghai: Shanghai Scientific and Technical Publishers, 2019.

[101] YATES E D, LEVIA D F, WILLIAMS C L. Recruitment of three non-native invasive plants into a fragmented forest in southern Illinois[J]. Forest Ecology and Management,2004, 190(2-3): 119-130.

附录

中文及拉丁名对照

中文名	拉丁名
阿拉伯婆婆纳	*Veronica persica* Poir.
凹头苋	*Amaranthus blitum* L.
巴尔干大戟	*Euphorbia oblongata* Griseb.
巴西含羞草	*Mimosa diplotricha* C. Wright
巴西莲子草	*Alternanthera brasiliana* (L.) Kuntze
巴西鸢尾	*Trimezia gracilis* (Herb.) Christenh. & Byng
白苞猩猩草	*Euphorbia heterophylla* L.
白车轴草	*Trifolium repens* L.
白花草木樨	*Melilotus albus* Medik.
白花鬼针草	*Bidens alba* (L.) DC.
白花金纽扣	*Acmella radicans* (Jacq.) R. K. Jansen
白花猫儿菊	*Hypochaeris albiflora* (Kuntze) Azevedo-Goncalves & Matzenb.
白花紫露草	*Tradescantia fluminensis* Vell.
白灰毛豆	*Tephrosia candida* DC.
百日菊	*Zinnia elegans* Jacq.
败酱叶菊芹	*Erechtites valerianifolius* (Link ex Spreng.) DC.
斑地锦	*Euphorbia maculata* L.
棒叶落地生根	*Kalanchoe delagoensis* Eckl. & Zeyh.
北美独行菜	*Lepidium virginicum* L.
蓖麻	*Ricinus communis* L.
扁穗雀麦	*Bromus catharticus* Vahl.
草胡椒	*Peperomia pellucida* (L.) Kunth
草木樨	*Melilotus officinalis* (L.) Lam.
长春花	*Catharanthus roseus* (L.) G. Don
长柔毛野豌豆	*Vicia villosa* Roth
长蒴黄麻	*Corchorus olitorius* L.
长叶车前	*Plantago lanceolata* L.
橙红茑萝	*Ipomoea cholulensis* Kunth

翅荚决明	*Senna alata* (L.) Roxb.
臭荠	*Lepidium didymum* L.
穿心莲	*Andrographis paniculata* (Burm. f.) Wall. ex Nees
垂序商陆	*Phytolacca americana* L.
刺苞果	*Acanthospermum hispidum* DC.
刺果瓜	*Sicyos angulatus* L.
刺果锦葵	*Modiola caroliniana* (L.) G. Don
刺花莲子草	*Alternanthera pungens* Kunth
刺槐	*Robinia pseudoacacia* L.
刺芹	*Eryngium foetidum* L.
刺田菁	*Sesbania bispinosa* (Jacq.) W. F. Wight
刺苋	*Amaranthus spinosus* L.
刺轴含羞草	*Mimosa pigra* L.
葱莲	*Zephyranthes candida* (Lindl.) Herb.
粗毛牛膝菊	*Galinsoga quadriradiata* Ruiz & Pav.
大花马齿苋	*Portulaca grandiflora* Hook.
大花茄	*Solanum wrightii* Benth.
大狼耙草	*Bidens frondosa* L.
大丽花	*Dahlia pinnata* Cav.
大麻	*Cannabis sativa* L.
大藻	*Pistia stratiotes* L.
大尾摇	*Heliotropium indicum* L.
大爪草	*Spergula arvensis* Linnaeus
待宵草	*Oenothera stricta* Ledeb. ex Link
单刺仙人掌	*Opuntia monacantha* (Willd.) Haw.
灯笼果	*Physalis peruviana* L.
吊球草	*Hyptis capitata* Jacq.
蝶豆	*Clitoria ternatea* L.
钉头果	*Gomphocarpus fruticosus* (L.) W. T. Aiton
豆瓣菜	*Nasturtium officinale* W. T. Aiton
短梗土丁桂	*Evolvulus nummularius* (L.) L.
椴叶鼠尾草	*Salvia tiliifolia* Vahl
多花百日菊	*Zinnia peruviana* (L.) L.
多花黑麦草	*Lolium multiflorum* Lam.
二十蕊商陆	*Phytolacca icosandra* L.

番木瓜	*Carica papaya* L.
番石榴	*Psidium guajava* L.
繁穗苋	*Amaranthus cruentus* L.
反枝苋	*Amaranthus retroflexus* L.
飞机草	*Chromolaena odorata* (Linnaeus) R. M. King & H. Robinson
飞扬草	*Euphorbia hirta* L.
非洲狗尾草	*Setaria sphacelata* (Schumach.) Stapf & C. E. Hubb. ex Moss
粉花月见草	*Oenothera rosea* L'Hér. ex Ait.
粉绿狐尾藻	*Myriophyllum aquaticum* (Vell.) Verdc.
粉叶蕨	*Pityrogramma calomelanos* (L.) Link
风车草	*Cyperus involucratus* Rottboll
凤凰木	*Delonix regia* (Bojer ex Hook.) Raf.
凤眼莲	*Eichhornia crassipes* (Mart.) Solme
伏胁花	*Mecardonia procumbens* (Mill.) Small
俯仰尾稃草	*Urochloa eminii* (Mez) Davidse
盖裂果	*Mitracarpus hirtus* (L.) DC.
高大一枝黄花	*Solidago altissima* L.
关节酢浆草	*Oxalis articulata* Savigny
光萼猪屎豆	*Crotalaria trichotoma* Bojer
光冠水菊	*Gymnocoronis spilanthoides* DC.
光荚含羞草	*Mimosa bimucronata* (DC.) Kuntze
光叶丰花草	*Spermacoce remota* Lam.
含羞草	*Mimosa pudica* L.
旱金莲	*Tropaeolum majus* L.
合果芋	*Syngonium podophyllum* Schott
荷莲豆草	*Drymaria cordata* (Linnaeus) Willdenow ex Schultes
黑荆	*Acacia mearnsii* De Wild.
黑麦草	*Lolium perenne* L.
红车轴草	*Trifolium pratense* L.
红花酢浆草	*Oxalis debilis* Kunth
红毛草	*Melinis repens* (Willd.) Zizka
花叶滇苦菜	*Sonchus asper* (L.) Hill.
黄果龙葵	*Solanum diphyllum* L.
黄花夹竹桃	*Thevetia peruviana* (Pers.) K. Schum.
黄秋英	*Cosmos sulphureus* Cav.

火殃簕	*Euphorbia antiquorum* L.
藿香蓟	*Ageratum conyzoides* L.
鸡蛋果	*Passiflora edulis* Sims
蒺藜草	*Cenchrus echinatus* L.
蓟罂粟	*Argemone mexicana* L.
夹竹桃	*Nerium oleander* L.
假臭草	*Praxelis clematidea* (Hieron. ex Kuntze) R. M. King & H. Rob.
假韭	*Nothoscordum gracile* (Aiton) Stearn
假连翘	*Duranta erecta* L.
假马鞭	*Stachytarpheta jamaicensis* (L.) Vahl
假蒲公英猫儿菊	*Hypochaeris radicata* L.
假酸浆	*Nicandra physalodes* (L.) Gaertner
假烟叶树	*Solanum erianthum* D. Don
金合欢	*Vachellia farnesiana* (L.) Wight & Arn.
金腰箭	*Synedrella nodiflora* (L.) Gaertn.
金盏花	*Calendula officinalis* L.
荆芥叶狮尾草	*Leonotis nepetifolia* (L.) R. Br.
韭莲	*Zephyranthes carinata* Herbert
菊苣	*Cichorium intybus* L.
菊芋	*Helianthus tuberosus* L.
聚合草	*Symphytum officinale* L.
决明	*Senna tora* (L.) Roxb.
空心莲子草	*Alternanthera philoxeroides* (Mart.) Griseb.
苦味叶下珠	*Phyllanthus amarus* Schumacher & Thonning
苦蘵	*Physalis angulata* L.
宽叶酢浆草	*Oxalis latifolia* Kunth
阔荚合欢	*Albizia lebbeck* (L.) Benth.
阔叶丰花草	*Spermacoce alata* Aublet
辣薄荷	*Mentha × piperita* L.
蓝桉	*Eucalyptus globulus* Labill.
蓝花草	*Ruellia simplex* C. Wright
蓝花野茼蒿	*Crassocephalum rubens* (Juss. ex Jacq.) S. Moore
蓝蓟	*Echium vulgare* L.
梨果仙人掌	*Opuntia ficus-indica* (L.) Mill.
两耳草	*Paspalum conjugatum* P. J. Bergius

两色金鸡菊	*Coreopsis tinctoria* Nutt.
量天尺	*Hylocereus undatus* (Haw.) Britt. & Rose
柳叶马鞭草	*Verbena bonariensis* L.
龙舌兰	*Agave americana* L.
龙珠果	*Passiflora foetida* L.
绿穗苋	*Amaranthus hybridus* L.
轮叶离药草	*Stemodia verticillata* (Miller) Hassler
落地生根	*Kalanchoe pinnata* (Lam.) Pers.
落葵	*Basella alba* L.
落葵薯	*Anredera cordifolia* (Tenore) Steenis
麻风树	*Jatropha curcas* L.
马利筋	*Asclepias curassavica* L.
马缨丹	*Lantana camara* L.
曼陀罗	*Datura stramonium* L.
蔓花生	*Arachis duranensis* Krapov. & W. C. Greg.
毛地黄	*Digitalis purpurea* L.
毛果茄	*Solanum viarum* Dunal
毛花雀稗	*Paspalum dilatatum* Poir
毛荚决明	*Senna hirsuta* (L.) H. S. Irwin & Barneby
毛曼陀罗	*Datura innoxia* Mill.
美丽月见草	*Oenothera speciosa* Nutt.
美人蕉	*Canna indica* L.
木豆	*Cajanus cajan* (L.) Millsp.
木薯	*Manihot esculenta* Crantz
木茼蒿	*Argyranthemum frutescens* (L.) Sch.-Bip
南美独行菜	*Lepidium bonariense* L.
南美蟛蜞菊	*Sphagneticola trilobata* (L.) Pruski
南美天胡荽	*Hydrocotyle verticillata* Thunb.
南欧大戟	*Euphorbia peplus* L.
南青杞	*Solanum seaforthianum* Andrews
茑萝	*Ipomoea quamoclit* L.
牛膝菊	*Galinsoga parviflora* Cav.
欧洲千里光	*Senecio vulgaris* L.
炮仗花	*Pyrostegia venusta* (Ker-Gawl.) Miers
婆婆针	*Bidens bipinnata* L.

铺地狼尾草	*Cenchrus clandestinum* (Hochst. ex Chiov.) Morrone
铺地藜	*Dysphania pumilio* (R. Br.) Mosyakin & Clemants
匍匐半插花	*Strobilanthes reptans* (G. Forster) Moylan ex Y. F. Deng & J. R. I. Wood
匍匐大戟	*Euphorbia prostrata* Aiton
千穗谷	*Amaranthus hypochondriacus* L.
牵牛	*Ipomoea nil* (L.) Roth
墙生藜	*Chenopodiastrum murale* (L.) S. Fuentes, Uotila & Borsch
秋英	*Cosmos bipinnatus* Cavanilles
乳茄	*Solanum mammosum* L.
赛葵	*Malvastrum coromandelianum* (L.) Gurcke
三尖叶猪屎豆	*Crotalaria micans* Link
三裂叶薯	*Ipomoea triloba* L.
桑叶西番莲	*Passiflora morifolia* Mast.
山扁豆	*Chamaecrista mimosoides* (L.) Greene
珊瑚藤	*Antigonon leptopus* Hook. & Arn.
珊瑚樱	*Solanum pseudocapsicum* L.
少花龙葵	*Solanum americanum* Mill.
蛇婆子	*Waltheria indica* L.
矢车菊	*Centaurea cyanus* L.
菽麻	*Crotalaria juncea* L.
树番茄	*Cyphomandra betacea* Sendt.
数珠珊瑚	*Rivina humilis* L.
双荚决明	*Senna bicapsularis* (L.) Roxb.
双穗雀稗	*Paspalum distichum* L.
孀泪花	*Tinantia erecta* (Jacq.) Fenzl
水鬼蕉	*Hymenocallis littoralis* (Jacq.) Salisb.
水茄	*Solanum torvum* Sw.
四翅月见草	*Oenothera tetraptera* Cav.
苏丹凤仙花	*Impatiens walleriana* Hook. f.
苏门白酒草	*Erigeron sumatrensis* Retz.
酸豆	*Tamarindus indica* L.
天人菊	*Gaillardia pulchella* Foug.
田菁	*Sesbania cannabina* (Retz.) Poir.
田茜	*Sherardia arvensis* L.
通奶草	*Euphorbia hypericifolia* L.

土荆芥	*Dysphania ambrosioides* (L.) Mosyakin & Clemants
土人参	*Talinum paniculatum* (Jacq.) Gaertn.
豚草	*Ambrosia artemisiifolia* L.
弯叶画眉草	*Eragrostis curvula* (Schrad.) Nees.
万寿菊	*Tagetes erecta* L.
望江南	*Senna occidentalis* (L.) Link
微甘菊	*Mikania micrantha* Kunth
苇状黑麦草	*Lolium arundinaceum* (Schreb.) Darbysh.
尾穗苋	*Amaranthus caudatus* L.
文定果	*Muntingia calabura* L.
无刺含羞草	*Mimosa diplotricha* var. *inermis* (Adelb.) Verdc.
五爪金龙	*Ipomoea cairica* (L.) Sweet
细叶旱芹	*Cyclospermum leptophyllum* (Pers.) Sprague ex Britton & P.Wilson
细叶满江红	*Azolla filiculoides* Lam.
细蔺草	*Phalaris minor* Retzius
狭叶马鞭草	*Verbena brasiliensis* Vell.
狭叶猪屎豆	*Crotalaria ochroleuca* G. Don
苋	*Amaranthus tricolor* L.
线叶虾钳菜	*Alternanthera nodiflora* R. Br.
香丝草	*Erigeron bonariensis* L.
象草	*Cenchrus purpureum* (Schumach.) Morrone
小花山桃草	*Oenothera curtiflora* W. L. Wagner & Hoch
小蓬草	*Erigeron canadensis* L.
小叶冷水花	*Pilea microphylla* (L.) Liebm.
心叶日中花	*Mesembryanthemum cordifolium* L. F.
猩猩草	*Euphorbia cyathophora* Murray
雄黄兰	*Crocosmia* × *crocosmiiflora* (Lemoine) N. E. Br.
鸭嘴花	*Justicia adhatoda* L.
洋金凤	*Caesalpinia pulcherrima* (L.) Sw.
洋金花	*Datura metel* L.
药用蒲公英	*Taraxacum officinale* F. H. Wigg.
野甘草	*Scoparia dulcis* L.
野胡萝卜	*Daucus carota* L.
野老鹳草	*Geranium carolinianum* L.
野茼蒿	*Crassocephalum crepidioides* (Benth.) S. Moore

野莴苣	*Lactuca serriola* L.
野西瓜苗	*Hibiscus trionum* L.
野燕麦	*Avena fatua* L.
夜香树	*Cestrum nocturnum* L.
一年蓬	*Erigeron annuus* (L.) Pers.
一品红	*Euphorbia pulcherrima* Willd. ex Klotzsch
翼蓟	*Cirsium vulgare* (Savi) Ten.
翼叶山牵牛	*Thunbergia alata* Bojer ex Sims
银合欢	*Leucaena leucocephala* (Lam.) de Wit
银花苋	*Gomphrena celosioides* Mart.
银胶菊	*Parthenium hysterophorus* L.
银荆	*Acacia dealbata* Link
印度草木樨	*Melilotus indicus* (L.) All.
虞美人	*Papaver rhoeas* L.
羽芒菊	*Tridax procumbens* L.
圆叶牵牛	*Ipomoea purpurea* (L.) Roth
月见草	*Oenothera biennis* L.
杖藜	*Chenopodium giganteum* D. Don
直立婆婆纳	*Veronica arvensis* L.
肿柄菊	*Tithonia diversifolia* (Hemsl.) A. Gray
皱叶留兰香	*Mentha crispata* Schrad. ex Willd.
皱子白花菜	*Cleome rutidosperma* DC.
朱唇	*Salvia coccinea* Buc'hoz ex Etl.
猪屎豆	*Crotalaria pallida* Ait.
紫花大翼豆	*Macroptilium atropurpureum* (DC.) Urban
紫茎泽兰	*Ageratina adenophora* (Sprengel) R. M. King & H. Robinson
紫茉莉	*Mirabilis jalapa* L.
紫苜蓿	*Medicago sativa* L.
紫穗槐	*Amorpha fruticosa* L.
紫竹梅	*Tradescantia pallida* (Rose) D. R. Hunt
钻叶紫菀	*Symphyotrichum subulatum* (Michx.) G. L. Nesom
醉蝶花	*Cleome houtteana* Schltdl.

中文名（含别名）索引

拉丁名索引